Wir stehen
an deiner Seite.
FRANKONIA – DEIN JAGDAUSSTATTER
SEIT 1908
APP DOWNLOADEN
UND VORTEILE NUTZEN
scan mich
Besuche uns auf frankonia.de oder in einer unserer Filialen

Bayerischer Landwirtschaftsverlag

Christian Teppe

DER KLEINE

Jäger Knigge

Die wichtigsten Grundlagen für die ersten Schritte nach der Jagdausbildung

Inhalt

»Jäger sein, das bedeutet viel mehr
als nur Beute machen, das ist mehr,
als nur Trophäen sammeln.
Jagd erfordert einen aufrechten, ehrlichen
und auch demütigen Menschen.«

CHRISTIAN TEPPE

Die richtigen Worte und der gute Ton

Ein seltsames Völkchen, diese Jäger. Einige sieht man morgens beim Bäcker in grüner Kleidung, die sie gefühlt niemals ablegen. Anderen sieht man es gar nicht an, dass sie alleine oder in Gesellschaft zur Jagd gehen. Spätestens jedoch, wenn man das Haus oder die Wohnung eines Jägers betritt, weiß man, hier lebt jemand, der keine Berührungsängste mit toten Tieren hat, sonst würde er sich ja nicht Teile davon an die Wand hängen.

Mitunter sprechen Jäger auch in Rätseln und verhalten sich sonderbar – Jägersprache und besondere Rituale –, wer kennt sich da schon aus? Da stehen überall Fettnäpfchen bereit, in die vor allem Jungjäger immer wieder zielsicher treten.

Allein bei der Frage eines gemeinsamen Gesprächsthemas zwischen Jägern und Nichtjägern, das beide Seiten interessiert und für beide Seiten auch verständlich ist, kommt man ja schon ins Grübeln. Vor allem aber: Wie verhält man sich als Jäger unter seinesgleichen? Schließlich gibt es keine zweite Chance für einen ersten Eindruck, wenn man sich in eine neue Gesellschaft einbringen möchte. Viele Fehler sind gemacht worden, die Jäger mit Ausgrenzung, Unverständnis, ja sogar mit sozialer Ächtung bezahlen mussten. Damit das der Leser dieses Buches nicht am eigenen Leibe erfahren muss, seien ihm die nachfolgenden Zeilen ans Herz gelegt.

Ein Jagdschein macht noch keinen Jäger

Mit etwas Fleiß und Übung ist die Prüfung zum Jäger keine große Hürde, die Herausforderung besteht darin, sich an die geschriebenen und ungeschriebenen Gesetze des Jagdlebens zu halten.

Ob, wie über Jahrzehnte üblich, bei der örtlichen Kreisjägerschaft oder neuerdings auch in einer der ungezählten privaten Jagdschulen: Mit dem alten Grundsatz: *Repetitio est mater studiorum*, zu Deutsch »Wiederholung ist die Mutter der Ausbildung«, dürfte der theoretische Teil der Jägerprüfung nur am mangelnden Fleiß des Auszubildenden scheitern. Wer hingegen mit der Waffe gut umgehen kann und sicher schießt, kann die Schießprüfung auch mit weniger Übung bestehen. Beim sogenannten Reviergang als Prüfungsbestandteil gibt es dann jedoch wieder ein hohes Risiko, die Schulbank noch einmal drücken zu müssen, denn wer hier keinen sicheren Eindruck hinterlässt, fällt durch die Prüfung. Im Revier muss jeder Fehler vermieden werden.

Sind die sicherheitsrelevanten Jagdsignale erkannt und ist die mündliche Prüfung bestanden, steht dem feierlichen Jägerschlag – der fast einem in den Adelsstand erhebenden Ritterschlag gleicht – nichts mehr im Wege. Der reich verzierte Jägerbrief kann dann bald an der Wohnzimmerwand bezeugen, dass die Prüfung gemeistert worden ist. Nur noch schnell zum Jagdausstatter, Büchse, Flinte, Munition und reichlich grüne Kleidung eingekauft und es kann losgehen.

Doch was bringt einem der »Sportwagen mit über 600 PS« in Form der bestandenen Jägerprüfung und einer hochwertigen Ausstattung ohne Fahrpraxis und passende Autobahn, also ohne Jagdpraxis und Revier? Diese Praxis gilt es in den Jahren als Jungjäger zu sammeln, um nach drei Jahren dann vielleicht auch ein eigenes Revier mit der damit verbundenen Verantwortung übernehmen zu können.

Was macht Jagd eigentlich aus?

Das, was ein Jäger braucht, ist natürlich grüne Kleidung, eine Kugelbüchse, eine Schrotflinte und gute Optik - denkt man ...

Viel wichtiger als alles Materielle ist das Gefühl für die Natur und die neue Gesellschaft, in der sich der Jäger bewegt; denn dieser kurze Moment, in dem sich der Finger krümmt, der Abzug gezogen wird, der Schuss bricht und das zu erlegende Stück Wild getroffen wird, ist ein winziges Staubkorn im materiegefüllten Universum des Jägerlebens. Ob Anfänger oder »alter Hase«, Jäger sollten wissen, was die Jagd eigentlich ausmacht.

Ein Blick in die Geschichte

Um zu verstehen, warum die Jäger so ein »besonderes Völkchen« sind und warum Jagd für sie so spannend ist, dass sie dafür Tausende Stunden im Wald verbringen, sich streiten, vor Gericht klagen und sogar ihre Ehe aufs Spiel setzen, muss man einen Blick in die Geschichte werfen.

Schon bevor die Menschen Land bestellten und Tiere züchteten, gingen sie auf die Jagd, um sich und ihre Familien zu ernähren. Neben einer Sippe und einem Dach über dem Kopf war das wohl das Wichtigste, was die ersten Menschen benötigten. Über die Jahrtausende blieb die Jagd zur Nahrungsbeschaffung, aber auch, um die kriegerischen Fertigkeiten zu schärfen und sich mit anderen zu messen, wichtig. Später und bis in die Neuzeit war die Jagd bei denen, die es sich leisten konnten, weil sie andere für sich arbeiten ließen, ein Privileg, der Adel betrieb die Jagd als einen exklusiven Zeitvertreib, sie war Anlass für gesellschaftliche Ereignisse.

Vor gut 100 Jahren wurde der Adel durch Art. 109 der Weimarer Reichsverfassung zwar abgeschafft, alle Bräuche, Traditionen und Kenntnisse aus Jahrtausenden sind dabei aber nicht über Bord geworfen worden. Vielmehr knüpft so manches von dem, was wir unter Weidgerechtigkeit und jagdlichem Brauchtum verstehen, an das an, was der Adel in Jahrhunderten entwickelt hat.

JAGDWISSEN

Manche Verhaltensweisen von Jägern entsprechen eher dem vornehmen Umgang bei Hofe als dem derben Miteinander im Hinterhof. Kein Wunder, sie sind über Jahrhunderte entwickelt und erhalten geblieben.

Heute sind jene gesellschaftlichen Unterschiede zwischen Adel, Bürgertum und Arbeiterschaft längst überwunden, doch neue haben sich aufgetan. Wenn Jungjäger sich den Sitten und Gebräuchen der jagenden Gesellschaft nicht unterwerfen oder sie erst gar nicht kennen, kann das schnell problematisch werden.

Weidgerechtigkeit und Jagdethik – keine leeren Worte

Verantwortungsvolles Tun, Respekt vor der Schöpfung, der Natur und den Mitmenschen – das macht weidgerechtes Handeln aus.

Weidgerechtes Handeln muss in alle Bereiche jagdlichen Tuns hineinwirken, das gilt beim Umgang mit der Waffe genauso wie beim Miteinander von Jägern und Nichtjägern oder Jagenden untereinander. Und es hat auch etwas mit Jagdethik zu tun, die sogar im Ausbildungs- und Prüfungsfach Jagdrecht, Tierschutzrecht, Natur- und Landschaftspflegerecht behandelt wird.

In Knaurs Großem Jagdlexikon (1984) wird die Jagdethik folgendermaßen definiert: »... die Bezeichnung für das sittliche Wollen und Handeln in Normen und Regeln bei der Jagdausübung«. Zugrunde gelegt wird dabei die Verantwortung und Verpflichtung gegenüber dem Wild.

Verstöße von Jägerinnen und Jägern gegen geschriebene und ungeschriebene Gesetze dringen deshalb geradezu wie Sargnägel in die Freiheit der Jagdausübung ein. Je größer der öffentliche Aufschrei der Empörung und der Ruf nach schärferen Gesetzen, desto schneller und massiver kommt es zu Einschränkungen für Jäger und Waffenbesitzer. Aus diesem Grund ist die Weidgerechtigkeit ein unbestimmter Rechtsbegriff. Er muss also ausgelegt werden durch Anstand und Sitte, Werte und Normen, Billigkeit und Gerechtigkeit. Dies unterliegt selbstverständlich auch dem Zeitgeist und so sind alle Jäger gefordert, sich nicht nur an die Vorschriften zu halten, sondern auch an das, was die Gesellschaft von ihnen verlangt, ohne dass es niedergeschrieben wäre.

Halten wir Jäger uns nicht daran, wird uns die Gesellschaft durch den Gesetzgeber weitere Einschränkungen vorsetzen. Es ist also unser aller Aufgabe, wirklich alle Jäger mitzunehmen, wenn es um anständige und damit weidgerechte Jagd geht. Jeder grobe Verstoß, aber auch eine Reihe geringerer Verstöße, kann dazu führen, dass alle Jäger weitere Einschränkungen hinnehmen müssen.

JAGDWISSEN

Weidgerechte Jagd ist nicht nur Auftrag und Verpflichtung, sondern liegt im ureigensten Interesse aller Jäger, denn wer will schon Zustände wie im Schweizer Kanton Genf, der die Jagd 1974 für Freizeitjäger verboten hat?

Jagd und Glauben

Die Jagd ist in Europa seit Jahrhunderten auch mit dem christlichen Glauben verbunden. Seit dem Mittelalter ist die Legende vom heiligen Hubertus, der bis zur Erscheinung eines Hirsches mit Kreuz im Geweih wenig Rücksicht auf die Mitgeschöpfe genommen hatte, ein zentrales Thema der Weidgerechtigkeit. Nach dieser Begegnung war der heilige Hubertus nämlich geläutert und wird seither als Schutzpatron der Jäger und der Jagd verehrt.

Jedes Jahr am 3. November wird ihm an seinem Namenstag gedacht und besonders stimmungsvolle Gottesdienste als Hubertusmessen gefeiert. Für die feierliche musikalische Gestaltung sorgen Jagdhornbläser, Jägerinnen und Jäger. Sie schmücken und verzieren das Gotteshaus, halten inne, gedenken der Natur und besinnen sich ihrer Verantwortung für sie. Auch das ist Weidgerechtigkeit und Teil des Brauchtums. Für angehende Jäger, aber auch solche, die um Kontakt bemüht sind, sind solche Feiern großartige Gelegenheiten, sich

einzubringen und neue jagdliche Kontakte zu knüpfen. Diese Art der Öffentlichkeitsarbeit für die Kirche, die Jagd und die Gemeinde bringt nicht nur Jäger zueinander, sondern fördert auch die Akzeptanz der Jagd und derer, die sich ihr widmen. Wer es mit der Kirche nicht so am (Jäger-) Hut hat, möge sich des Sprichworts erinnern: »Was du nicht willst, das man dir tu', das füg' auch keinem andren zu.« Das bedeutet in jagdlicher Auslegung eben auch den toleranten Umgang mit anderen, also auch anderen Jägern, anderen Naturnutzern und vor allem anderen Lebewesen, die in den Jagdgesetzen als jagdbare Arten genannt werden.

Jagd und Pacht

Mit Abschluss des Jagdpachtvertrages erwerben die Jäger das Recht, die Jagd auf fremden Flächen auszuüben, sie dürfen also dem Wild nachstellen, es erlegen und sich aneignen. Es bedeutet aber mitnichten, dass man berechtigter Besitzer der gepachteten Flächen wäre oder gar eine eigentümerähnliche Stellung innehätte. Der Jagdpächter darf sich auf fremden Flächen aufhalten und jagen. Die Belange der Eigentümer, die in ihrer Gesamtheit als Jagdgenossenschaft auch Inhaber des in der Regel verpachteten Jagdrechts sind, sind dabei selbstverständlich ebenso zu berücksichtigen wie die Interessen anderer Menschen in der Natur, die die Jäger eben nicht aussperren dürfen.

Jägerinnen und Jäger müssen aber auch gemeinsam zum Wohle der Natur, der Verantwortung dem Wild

VERHALTENSREGELN

Jäger sind gut beraten, wenn sie Jagdrecht nicht als Besitzrecht an ihrem Revier verstehen und sich schon gar nicht als Umweltpolizei oder Ranger aufführen. Der Jäger ist einer unter gleichen Nutzern der Natur und muss sich mit allen anderen arrangieren.

gegenüber und dem Erhalt der Jagd als solche agieren. Dieses Arrangement schließt den despektierlichen Umgang mit den anderen aus; auch wenn der Landwirt wegen der vielen Sauen um sein Getreide bangt, der Jagdnachbar den kapitalen Zukunftsbock an der Grenze erlegt, die Joggerin noch in der Dämmerung am Einstand vorbeiläuft oder der Hund auch zur Brut- und Setzzeit nicht an der Leine geführt wird.

Todsünde Jagdneid

Der Charakter des Mitjägers offenbart sich im Erfolg des anderen. Deshalb ist es dringend geboten, dem Erlegten und dem Erleger aufrichtiges »Weidmannsheil« auszusprechen. (Nur) in diesem Fall lautet die korrekte Erwiderung »Weidmannsdank«. Der Erfolg des anderen sollte statt Neid auszulösen, Ansporn sein, seine jagdlichen Fähigkeiten und Schießfertigkeiten zu optimieren. Mit dem Jagdglück klappt es sicher. Irgendwann.

Jäger als Naturschützer

Nicht nur, weil die Jagdverbände als Naturschutzverbände anerkannt sind, sondern weil jeder einzelne Jäger dieser Anerkennung gerecht werden muss, gilt es, dieser auch Taten folgen zu lassen. Sei es die Anlage von Blühstreifen, Streuobstwiesen oder Schonungen, das Aufhängen von Nistkästen oder Rettung von Gelegen oder Kitzen vor dem Mähen, es gibt jede Menge zu tun!

Auch andere Naturschutzverbände dürfen das in Feld und Wald und damit auch in Jagdrevieren. Anstatt sich als Konkurrenz und voller Argwohn zu betrachten, sollte dringend der Dialog gesucht und der Konsens oder zumindest der Kompromiss gefunden werden. Wer nicht kommuniziert, wird nie feststellen, ob es eine Einigung gegeben hätte.

Auf gute Nachbarschaft!

Was für Wohnungsnachbarn gilt, gilt erst recht für Jagdnachbarn: Wer neu ist, stellt sich seinen Nachbarn vor, denn spätestens bei der Wildfolge gilt es, sich abzustimmen. Aber auch für die Frage nach revierübergreifender Drückjagd oder der Nutzung des Jägernotweges sollte die Abstimmung mit dem Nachbarn umgehend erfolgen. Dadurch werden Irritationen vermieden. Bei Drückjagden gilt: Alle stimmen sich ab und treffen sich idealerweise anschließend zum gemeinsamen Streckelegen und Schüsseltreiben. Wer sich ausschließt und sich stattdessen an die Reviergrenze setzt, um abzustauben, handelt nicht nur unsolidarisch, sondern auch nicht weidgerecht!

Fallstricke vor und nach der Jagdausbildung

Mit dem Jagdschein erwirbt man, insbesondere nach einem Schnellkurs, nur das Grundgerüst. Die eigentliche Arbeit an sich selbst beginnt erst mit Aushändigung des Jägerbriefes.

War die Sache mit der Jagdausbildung früher klar geregelt, ist heute das Angebot so vielfältig, dass man sich kaum entscheiden kann. Die klassische Jungjägerausbildung fand bei den örtlichen Kreisjägerschaften statt; man begann im August/September und war pünktlich zur Bockjagd, damals noch ab dem 16. Mai, bereit, das Weidwerk auszuüben. Heute gibt es ungezählte Jagdschulen und Onlineangebote, sodass die Ausbildung 24/7 stattfinden kann. Festgeschriebene Qualitätsstandards dieser Ausbildung gibt es jedoch kaum und ein Jagdschein genügt sogar schon zur Gründung einer Jagdschule. Gebüffelt wird dann »quick and dirty« mit den für die Prüfung relevanten Fragestellungen; das, was links und rechts des Weges zu bestaunen ist und einen echten Jäger ausmacht, kommt aber leider viel zu kurz.

Man hat schon mal von der Weidgerechtigkeit im Sinne des § 1 Abs. 3 des Bundesjagdgesetzes gehört, aber wie man diesen unbestimmten Rechtsbegriff mit Leben erfüllt, kann

man sich als Jagdscheinanwärter wohl kaum vorstellen. Sobald der Jagdschein ausgestellt ist, erwarten jedoch nicht nur Mitjäger, sondern auch die Öffentlichkeit, dass man sich strikt an die geschriebenen und ungeschriebenen Gesetze hält. Prüfungsinhalt sind diese in der Regel jedoch (leider noch) nicht.

Jagd früher und heute

Es ist mitunter erschreckend, dass sich eine Kultur entwickelt hat, die mit dem althergebrachten Verständnis von Brauchtum und Tradition nur noch wenig zu tun hat. Jagd bedeutet nämlich nicht nur schießen, sondern auch sich im Wald und in der Natur zu bewegen. Die Natur zu achten. Die Jagd hat den Anspruch, eben nicht auf Konsum ausgelegt zu sein, sondern auf Achtung und Rücksichtnahme hinsichtlich der Natur. Das war zumindest in früheren Jahren so. Erst wenn das alles passte und der Jungjäger diese Grundsätze verinnerlicht hatte, durfte er auch schießen.

Es gab und gibt noch immer viele Jungjäger, die von alten, erfahrenen Jägern auf ihren ersten Bock geführt werden. Das bedeutet mitunter, 30- bis über 60-mal anzusitzen. Heute ist es zum Teil ganz normal, dass nach dem fünften Ansitz irgendein Bock liegt, Hauptsache, er hat was zwischen den Lauschern.

Die Sache mit dem Jagdfieber

Wie in einem Beruf bedarf es der Ausbildung, der Fertigkeit, des Fleißes, der Kreativität und der Erfahrung, um erfolgreich zu sein. Um nach der Jagdausbildung die Fertigkeiten zu erlernen und zu festigen, bedarf es weiteren Studiums

der Vorschriften, der Natur und des Wildes. Aber auch regelmäßiges Üben mit der Waffe, ob im Schießkino oder auf dem Schießstand, macht erst den geübten Schützen aus, den es braucht, um einen wirklich weidgerechten Schuss anzutragen. Schließlich sind die Bedingungen auf dem Schießstand mit in etwa nach Wild aussehenden Scheiben andere als die in der Natur mit Lebewesen, deren Leben man ihnen nehmen will.

Da sind nicht nur die Bedingungen, die Waffe aufzulegen andere, sondern auch das erste Mal im Leben das Gefühl von Jagdfieber, dieses Zittern am ganzen Leibe vor und nach dem Schuss, das zu Beginn so stark sein kann, dass der ganze Hochsitz gefährlich ins Wanken gerät. Für viele ist es auch gerade dieses Gefühl, was eine Art Sucht auslöst, die Jäger gerne als Passion beschreiben. Dieses Jagdfieber gehört wohl mit Abstand zu den stärksten Gefühlsausbrüchen, die ein Mensch erleben kann. Um dabei jedoch einen sicheren Schuss abgeben zu können, bedarf es der Sicherheit, die nur durch ungezählte Wiederholungen erlangt werden kann. Schließlich wird durch das Jagdfieber der Schuss längst nicht so präzise ausgeführt werden können wie auf dem Schießstand. Sind die Ergebnisse auf diesem bereits grenzwertig, können sie unter den besonderen jagdlichen Bedingungen nie so gut sein, wie es die Weidgerechtigkeit erfordert.

Ohne Fleiß keinen Preis ...

Dieser Spruch ist so abgegriffen wie eingängig und treffend. Nur dem fleißigen Jäger wird es in seinem eigenen Revier gelingen, ordentlich Strecke zu machen. Ordentlich kann in diesem Zusammenhang jedoch nicht meinen, was man in

Videos und in den sozialen Netzwerken auf Erlegerfotos bestaunen mag. Wer glaubt, er könne in kürzester Zeit blaublütigen Drückjagdstars Konkurrenz machen, irrt nicht nur, sondern verfolgt falsche Ideale. Er irrt deshalb, weil es in freier Natur und in den deutschen Bundesländern kaum diese zusammengeschnittenen und vermutlich in Gattern aufgenommenen Szenen mit Hunderten von Wildschweinen geben kann.

Der Fleiß ist nicht nur in der Anzahl der Stunden auf dem Hochsitz zu bemessen, sondern vielmehr im Kennenlernen und der Ausstattung des Reviers:

— Nur wer weiß, wo die Hirsche wechseln, wird sie auch erlegen können.
— Nur wer sein Revier mit sicheren und dem Wildvorkommen und dem vorherrschenden Wind entsprechenden Ansitzen ausstattet und genügend »Sitzfleisch« mitbringt, wird Erfolg haben.
— Wer hingegen glaubt, das Jagen sei so einfach, man müsse sich nur ein Basecap eines internationalen Optikherstellers umgedreht auf den Kopf setzen und das Wild anpirschen, wird krachend scheitern. Er scheitert nicht nur an seinen selbst gesetzten Zielen, er scheitert auch vor denen, die ihm die ersten Jagdmöglichkeiten eröffnen, denn die Wirklichkeit ist eben anders als im Film.

VERHALTENSREGELN

Bei der Jagd geht es nicht darum, möglichst viele Kreaturen totzuschießen, sondern durch sein nachhaltiges Tun die Natur zu erleben, ihr dabei zu helfen, ins Gleichgewicht zu kommen oder darin zu bleiben, und dabei sogar noch wertvolles Wildbret zu gewinnen.

Richtig ansprechen

Eine essenzielle Anforderung an jeden Jäger und jede Jägerin ist das gekonnte Ansprechen von Schalenwild vor dem Schuss. Wild ansprechen bedeutet, ganz genau zu wissen, worauf man zielt und was man erlegt. Das unterscheidet die Jagd diametral vom Angeln, mit dem einige Jungjäger schon vor der Jägerprüfung reichlich Erfahrung sammeln. Richtiges Ansprechen ist die Grundlage korrekter Selektion, welche wiederum zur Schaffung oder dem Erhalt einer gesunden Altersstruktur der Wildpopulation unentbehrlich ist.

VERHALTENSREGELN

Immer wieder engagieren sich fachkundige Jäger, Jungjäger ihre ersten Erfahrungen im Revier machen zu lassen. Dabei resignieren jedoch einige Grünröcke, wenn sie erleben, dass das Wertegerüst, innerhalb dessen sie die Jagd ausüben, bei dem frischgebackenen Jungjäger noch gar nicht veranlagt oder ausgeprägt ist.

Gerade bei der Jagd auf den ersten Rehbock sollte allergrößte Sorgfalt auf die Auswahl gelegt werden, denn dieses Jagderlebnis wird einen den Rest seines Jägerlebens begleiten. So ist es keine Seltenheit, dass junge Jäger, die es den Alten recht machen wollen, häufig bis zu 50 Mal ansitzen, um den richtigen Bock als ihren ersten zu erlegen.

Wer großes Glück hat, findet einen erfahrenen Jäger, auch Jagdprinz genannt, der den Jungjäger nicht nur an die Hand, sondern auch mit auf den Hochsitz nimmt und ihn so auf seine ersten Stücke führt, ihm die Entscheidung abnimmt, die Selektion an seiner statt durchführt. Es gilt, viele Merkmale eines Wildes zu berücksichtigen, denn nur so kann die Gefahr, das falsche Stück zu erlegen, auf ein Minimum reduziert werden.

Die richtigen Fragen stellen und Wissen parat haben:

- Um welche Wildart handelt es sich?
- Ist das Stück weiblich oder männlich?
- In welche Altersklasse kann das Tier eingeordnet werden?
- Niederwildjagd: Bestimmung von Wildart und Geschlecht.
- Schalenwildjagd: Bestimmung von Wildart, Geschlecht; das ungefähre Alter des Stückes muss klar erkennbar sein.
- Beim Abschuss weiblichen Wildes darf kein führendes Stück erlegt werden. Es gilt »jung vor alt, klein vor groß«. Erlegt wird immer zuerst der Nachwuchs.

Vorsicht ist geboten!

Beim Schalenwild muss besonders gut angesprochen werden, weil es hier eine genaue Abschussplanung in den Revieren gibt, außerdem teilweise unterschiedliche Schonzeiten für verschiedene Alters-, Geschlechts- und Güteklassen der Trophäenträger (z.B. bei Rotwild).

Zu glattes Parkett

Im traditionsreichen jagdlichen Umfeld mit seinen vielfältigen Ritualen kann man unversehens schnell in ein Fettnäpfchen treten. Das gilt es zu verhindern, denn die Jagdwelt ist klein und Patzer sprechen sich ziemlich schnell herum.

Wenn man nicht in einem jagdlich geprägten Haus aufgewachsen ist, sind die Gepflogenheiten, Traditionen und Rituale der Jagd und Jägerschaft mitunter ein »Buch mit sieben Siegeln«. Vor allem für Jungjäger sind da eine Menge Fettnäpfchen vorprogrammiert, in die sie manchmal sehenden Auges hineintappen. Kurz gesagt, in Jagdkreisen kann man sich unbewusst völlig danebenbenehmen, anderen etwa »auf die Füße treten«, sich im Ton vergreifen oder gar die geschriebenen und ungeschriebenen Jagdregeln verletzen. Vieles davon lässt sich schon im Vorfeld verhindern, wenn die allgemeinen Benimmregeln befolgt werden.

Kennen Sie den »Knigge«?

Wie man etwas richtig tut, das hat uns der niedersächsische Aufklärer Adolph Freiherr Knigge (1752-1796) in seinem Buch »Über den Umgang mit Menschen« von 1788 gelehrt. Viele der allgemeinen Benimmregeln gelten noch heute und sind vor allem geprägt von Achtung im gegenseitigen Miteinander.

Einige Empfehlungen des Knigge wirken heute allerdings ein wenig aus der Zeit gefallen. Vieles gilt aber noch immer, vor allem was Freiherr Knigge zum Abschluss seiner Ausführungen schreibt: *»Nur erinnere ich, dass diese kleinen Dinge in mancher Leute Augen keine kleinen Dinge sind und dass oft unsere zeitliche Wohlfahrt in solcher Leute Hände ist.«* Tatsächlich gilt diese Aussage gestern wie heute - auch in Jagdkreisen.

Bei allen Beispielen, die Sie auf den folgenden Seiten lesen können, besteht kein direkter Zusammenhang mit tatsächlich geschehenen Ereignissen und wenn doch, wurden die Namen wohlweislich geändert!

Ganz schön daneben

Was viele sofort als großen Fauxpas entlarven, ist für manch einen gar nicht schlimm, vor allem das Sich-Großtun. Damit und mit weiteren unangebrachten Einstellungen, z.B. sich für etwas Besseres zu halten, wird man in Jägerkreisen aber kaum Freunde finden.

Steak für den Jagdherrn

Zahnarzt Dr. Gnädig aus der benachbarten Kreisstadt hatte mit zwei Freunden eine Gemeindejagd in dünn besiedelter Gegend gepachtet. Es gab reichlich Wild und dafür aber viele Jagdgenossen, die sich auf das gesellschaftliche Highlight in Form des jährlichen Jagdessens freuten. Vor dem Schützenhaus wurde gegrillt, ein jüngerer Jagdgast fungierte als Grillmeister und staunte nicht schlecht, als er einen Blick auf das Grillgut warf. Da waren nicht etwa Würste und Steaks von heimischem Dam- und Schwarzwild in handwerklicher Qualität hergestellt zu finden, sondern in Fünferpacks einvakuumierte Industriewürste. Als die Jagdgenossen »abgefüttert« waren, überreichte Dr. Gnädig dem ungläubigen Grillmeister eine Tüte mit marinierten Rindersteaks aus einer der besten Fleischereien der Gegend, deren Inhalt nur für den Jagdherrn und dessen Gattin vorbehalten war.

VERHALTENSREGELN

Ein Akt fehlender Wert- und zum Ausdruck gebrachter Geringschätzung gegenüber den die Jagdfreuden ermöglichenden Genossen kann durchaus ein Grund sein, das Jagdpachtverhältnis frühzeitig zu beenden.

Tanja – keine gewöhnliche Tierärztin

Die Technik machte es möglich, dass ein engagierter Jagdherr seine Gäste auch nach dem Schuss beobachten konnte, wenn sie nämlich auf die Kirrung traten. Völlig erstaunt war er, als er zwar keine Meldung eines Abschusses, jedoch eine Meldung seiner Wildkamera bekam und auf dem übersandten Bild grelles Scheinwerferlicht mitten im Busch, den sonst kein Fahrzeug durchqueren kann, zu sehen war. Die Fernüberwachung musste deshalb sogleich einer Vorortkontrolle weichen. Im Wald angekommen staunte der Jagdherr nicht schlecht: Die junge Tierärztin war gerade dabei, einen gut veranlagten Hirsch im Bast, einen sogenannten Kolbenhirsch, dessen Jagdzeit noch einige Monate auf sich warten lassen sollte, nicht nur aufzubrechen, sondern gleich aus der Decke zu schlagen und zu zerlegen.

Offenbar war sie schon mit der Absicht angereist, Wildbret für die Küche zu generieren, denn sämtliches nötige Werkzeug und reichlich Tüten zum Transport lagen im Auto bereit. Dass es das letzte Stück gewesen ist, das Tanja in diesem Revier geschossen hat, dürfte klar sein. Welche und wie viele Opfer später noch auf ihren Charme hereingefallen sind, muss Spekulation bleiben.

Kerstin kann's

Kerstin hatte die Gabe, zur richtigen Zeit am richtigen Ort zu sein. Dies betraf nicht nur die Jagdmöglichkeit als solche, sondern auch den besonderen Jagderfolg. Die Jagdmöglichkeit ergab sich bei einem älteren Herrn, ja, man könnte ihn Gönner nennen, denn in seiner dritten Jagdperiode der kleinen, aber sehr feinen Hochwildjagd hatte er nichts gegen jüngere helfende Hände, deren Eigentümern er noch etwas beibringen könnte - so glaubte er zumindest. Er hegte »sein« Wild, obwohl es bis zur Erlegung ja herrenlos ist, legte Wildäcker an und versorgte die Tiere nicht nur in Notzeiten großzügig mit Futter. Zu junge Böcke oder Hirsche sollten selbstverständlich geschont werden, hatte er doch selbst noch keinen wirklich reifen Bock oder gar Hirsch in den vergangenen Jahrzehnten erlegen können.

Kerstin war da von anderem Schlag. Sie war überzeugt, dass doch genügend Wild im Revier und in dem angrenzenden Staatsforst beheimatet sei, sodass man großzügig abschöpfen könne. Und das tat sie dann auch. Nach wenigen Ansitzen lag der zehnjährige Hirsch, der fast zehn Kilo Geweihgewicht mit sich herumtrug. Die Abwägung war klar: »Ärger vergeht, Trophäe besteht!«

Doch wenn sie diesen Abschuss, den sie natürlich nicht frei hatte und der deshalb eine handfeste Wilderei darstellte, dem Alten gestehen würde, wäre es vorbei mit weiteren Trophäen – ja sogar mit weiteren Jagdmöglichkeiten.

VERHALTENSREGELN

Wilderei und das Hintergehen von Jagdherren zählt wohl zu den übelsten Fehltritten, die ein Jäger begehen kann.

So schaffte sie mithilfe eines ebenso skrupellosen Jungjägers den Recken mit einem Anhänger unbemerkt aus dem Revier, um selbiges nach einigen weiteren verschwiegenen Jahren als Jagdgast vom alten Jagdherrn zu übernehmen.

Die Trophäe jedoch hat niemals eine Trophäenschau gesehen und muss zudem, um peinliche Fragen zu umgehen, ein tristes Dasein auf dem Dachboden fristen. Welche Zier wäre sie doch für das Wohnzimmer gewesen!

Die Sau mit dem H auf dem Rücken

Besonders einprägsam und immer wieder gerne in Erinnerung gerufen sind die Begebenheiten mit dem selbst ernannten Jagdaufseher Harald. Er wunderte sich selbst immer darüber, warum er schon in gefühlt dreißig Revieren ständig Jagdgast gewesen war - eben gewesen war. Die Zeitwahl des Plusquamperfekts ist hier die einzig opportune, denn nach wenigen Monaten oder Jahren war immer Schluss mit der gemeinsamen Jagd. Harald war nämlich von sich und seiner jagd lichen Kompetenz so überzeugt, dass er nicht nur alles besser machen konnte, sondern auch insbesondere alles besser wusste. Die Ansagen der Jagdherrin oder des Jagdherrn sollten nicht nur ignoriert werden, vielmehr war er stets bemüht, diese Ansagen auch vor den Augen und Ohren der übrigen Jagdgäste zwar nicht immer zu korrigieren, aber doch stets zu revidieren. So wollte er entscheiden, was der Jagdherr freizugeben habe, ob also auch nach dem früher gültigen Beginn der Schonzeit im Oktober noch Böcke erlegt werden dürfen oder bis zu welchem Gewicht Wildschweine freigegeben würden. Einer Jagdherrin musste mit deutlichen Worten erklärt werden, dass man keinesfalls einen Rehrücken ohne Filets verkaufe, sie diese Filets also nicht für sich behalten dürfe.

Wenn er es mit dem Wagen des Jagdherrn übernommen hatte, die Kirrungen mit Mais und anderem Kirrgut zu bestücken, das selbstverständlich der Jagdherr bezahlt hatte, so behielt er es sich stets vor, die von ihm für den Nachtsitz ausgewählten Kirrungen entsprechend großzügig zu versehen,

die übrigen Kirrungen hingegen eher bescheiden, schließlich sollte er den Jagderfolg haben und nicht die anderen Jagdgäste oder gar der Jagdherr. So reklamierte er dann auch stärkere Keiler für sich, indem er wiederholt zum Ausdruck brachte, dass sich die anderen doch bitte zurückhalten mögen, schließlich habe der Keiler schon ein H für Harald auf dem Rücken.

Dass man auf solche Jäger gut verzichten kann bei der gemeinsamen Jagd und dass derartiges Verhalten nicht gerade zur allgemeinen Beliebtheit beiträgt, ist Harald leider wohl auch im 31. Jagdrevier, das er verlassen musste, nicht klar geworden.

Zu große Schuhe

Die Kosten für eine Jagd machen nicht bei der Pachtzahlung halt, sondern gehen dann erst richtig los: Neben der Pacht fallen in vielen Gegenden noch Jagdsteuern an, die in der Regel 20 Prozent betragen. Pachtet man einen Jagdbezirk von den öffentlichen oder privaten Forsten, fällt meist auch noch 19 Prozent Mehrwertsteuer an. Hinzu kommen überall die Beiträge zur gesetzlichen Unfallversicherung, also der Berufsgenossenschaft. Wenn dann noch ein üppiges Jagdessen nebst Getränken auszugeben ist und der eine oder andere Wildschaden bedient werden muss, verdoppelt sich der Aufwand für die Jagd gemessen am Pachtpreis sehr rasch. Unberücksichtigt geblieben sind dabei bisher die Kosten für das Revierfahrzeug nebst regelmäßigem Tanken, Kirrgut, Waffen, Optik, Munition,

»Der Kluge lernt aus allem und von jedem, der Normale aus seinen Erfahrungen und der Dumme weiß alles besser.«

SOKRATES (470–399 v. Chr)

Kleidung, Hochsitze etc., sodass man - was den Pachtpreis anbetrifft - gut und gerne mit Faktor drei multiplizieren muss, um die Gesamtkosten dieser wunderbaren Freizeitbeschäftigung zu kalkulieren. Wenn nun die Pacht bereits über 6.000 Euro kostet, muss man also von einem Gesamtaufwand von rund 20.000 Euro pro Jahr ausgehen, einer Summe, die wohl kaum ein Normalverdiener aus dem Erwerbseinkommen bestreiten kann.

So war es denn auch bei Uli, der mit großem Hurra verkündete, ein Spitzenrevier gepachtet zu haben, das allerdings 250 Kilometer vom Wohnort entfernt lag. Neben den üblichen Fahrkosten schlugen dadurch nun auch die Übernachtungskosten zu Buche und das Geld reichte im zweiten Jahr nicht einmal mehr, um die Pachtzahlung pünktlich leisten zu können. So wurde dann ein Jagdfreund aus dem weiteren Verwandtenkreis gebeten, diese Zahlung auszulegen. Dies tat er selbstverständlich aus langer Verbundenheit, musste jedoch viele Monate warten, um das geliehene Geld in Raten zurückzuerlangen. Danach war es irgendwie vorbei mit dem Ernstnehmen als Jäger, denn trotz seiner wuchtigen Füße waren Uli die Schuhe eines Revierpächters offenbar zu groß gewesen.

Katzenbagger

Man kann es gutheißen oder es verabscheuen: Das Schießen von wildernden Katzen im Revier spaltet nicht nur die jagende Gesellschaft. Für Armin wurde dieses Reizthema zu einem Fall für den Staatsanwalt. Als Groß-(Vieh-)Bauer war er alles andere als zimperlich. Nicht nur im Umgang mit Mensch und Maschine, sondern auch mit dem lieben Vieh. Wen stört da schon eine am Dorfrand gerade gesetzten Junghasen nachstellende Katze, die die sichere Kugel des jagenden Bauern trifft? Diese Frage war schnell beantwortet, denn die Katze, nennen wir sie Mohrle, wurde schnell vermisst und ebenso schnell gesucht von den gerade ins Dorf zugezogenen Großstädtern. Die Stelle, die ihr Armin als letzte Ruhestätte zugedacht hatte, befand sich in einer Hecke, nur gut 100 Meter vom letzten bewohnten Haus entfernt und damit innerhalb des Schonkreises, den Katzen nach den Landesjagdgesetzen haben, um ihrem Freiheitsdrang zu entsprechen.

Wegen fehlender Einsicht und mangelnder Kommunikation fand sich nicht nur schnell ein Anhörungsbogen der örtlichen Polizei in der Post, sondern auch sein Name, der Nachname selbstverständlich abgekürzt, in der örtlichen Tageszeitung. Armin wurde vorgeworfen, einen Verstoß gegen das Tierschutzgesetz begangen zu haben, der Jagdschein stand auf dem Spiel. Die kaum widerlegbare, von vielen aber als solche angenommene Ausrede, die Katze sei viel weiter vom Dorf entfernt geschossen und anschließend nur in der dorfnahen Hecke entsorgt worden, führte schließlich zur Einstellung des Verfahrens. Die Jagdfreunde waren begeistert und schenkten ihm anlässlich des nächsten Schüsseltreibens einen ordentlichen Spaten, den sie zuvor mit dem Titel »Katzenbagger« hatten gravieren lassen. Der Niederwildheger sollte nun das nächste Corpus Delicti ordnungsgemäß begraben, statt acht- und pietätlos in einer Hecke zu entsorgen. Man kann sich vorstellen, welchen Spitznamen Armin in den folgenden Monaten und Jahren in Jägerkreisen trug.

»Die meisten Probleme entstehen bei ihrer Lösung.«

LEONARDO DA VINCI
(1452-1519)

Das rote (Hand-)Tuch

Clemens hatte sich zu seiner ersten Drückjagd standesgemäß gekleidet, schließlich stammte seine Urgroßmutter aus einem pommerschen Rittergut - sagt man. So trug er nicht nur die aus Filmen über schottische Stalker bekannten Gun-Socks, sondern auch die von goldenen Manschettenknöpfen gehaltenen Umschlagmanschetten am karierten Hemd. So ausstaffiert bot sich Clemens an, die üppige Sauenstrecke nach der Drückjagd alleine aufzubrechen. Die Ärmel wurden dabei natürlich nicht hochgekrempelt, denn er hatte gehört, dass sich der Jäger beim Aufbrechen das Hemd nicht schmutzig machen dürfe. Der Anblick nach über 40 aufgebrochenen Wildschweinen glich jedoch eher »Fury in the Slaughterhouse« als den stilvollen Bildern der Highlander, wenn sie in Tweet und Karos den Hirschen nachstellen, also stalken, und sich so für Jagdreise-Magazine präsentieren. Als Clemens an sich hinabgesehen hatte, musste er erkennen, dass das gründliche Waschen seiner Hände Voraussetzung zur Teilnahme am Schüsseltreiben sei. Nach der Reinigung war das Gästehandtuch für andere Gäste aber nicht mehr zu benutzen, da aus dem strahlenden Weiß ein mattes Rosa geworden war, der edle Schweiß des Hochwildes so am schnöden blutigen Handtuch hing. Und Clemens? Ihm hat es gezeigt, dass Übereifer und edle Kleidung noch keinen besseren Jäger machen. Hätte er die rote (blutige) Arbeit mit den anderen geteilt, wären seine Manschetten sauber geblieben und er kein Sonderling.

Mit Porsche und Blatter zur Maijagd

Marcus, Mittdreißiger, Porschefahrer und IT-Spezialist, wollte seiner neuen Freundin, die er – keinesfalls, um Klischees zu bedienen – bei Tinder kennengelernt hatte, auch in Sachen Freizeitgestaltung in nichts nachstehen. Also wurden gleich ein paar Lern-Apps heruntergeladen und ein Crashkurs gebucht. Nach wenigen Wochen stand er da wie aus dem Katalog eines fränkischen Versandhauses, mit Jagdschein, Geradezugrepetierer und Nachtzielgerät.

Im Mai sollte es nun mit dem erfahrenen Pächter der heimischen Gemeindejagd auf den Rehbock gehen. Marcus und seine Immer-noch-Freundin waren herzlich eingeladen. Doch als die Frage aufkam, welche Melodie denn dem Blatter entlockt werden solle, fiel dem Einladenden jede Freude und Verständnis für die jungen Jäger aus dem Gesicht, denn die Blattzeit beginnt erst Mitte Juli und die Verwendung eines Rehblatters ist im Mai nur geeignet, das Revier leer zu blatten.

VERHALTENSREGELN

Das Wild richtig anzusprechen ist eine der wichtigsten Voraussetzungen für die Jagd.

Rolfs Rotte Rotwild

Als öffentlich bediensteter Ingenieur war er zwar technikaffin, jedoch auch sparsam, denn der Rock des öffentlichen Dienstes ist bekanntlich eng. So verwunderte es nicht, dass Rolf weder nach der neuesten Mode gekleidet war, noch die neueste Technik zur Hand hatte. Dies betraf sowohl das Telefon als auch die Optik und so konnte er den Jagdherrn nicht erreichen, als er durch sein 50er-Doppelglas eine Rotte Sauen ausmachte, die sich um ihn herum auf einem Wildacker verteilte.

Nun, nach kurzer Zeit war klar, dass eine dieser Sauen fallen musste.

Der gebrochene Schuss war das Zeichen für den Jagdherrn, dem jungen Jagdgast zur Seite zu stehen und ihm beim Bergen des Schwarzwildes zu helfen. Als nun Jagdherr und Gast den Wildacker absuchten, fanden sie: nichts. Kein Tröpfchen Schweiß, keine Fluchtfährte, kein Schnitthaar. Einfach nichts, was auf einen tödlichen Schuss oder überhaupt einen Treffer schließen ließe. Per Fernbedienung öffnete sich die Geländewagen-Heckklappe des großzügigen Gastgebers und der Rüde nahm, nach einem Satz aus dem Wagen, unverzüglich die Frei-Verloren-Suche auf.

Wer nun eine lange Nachsuche mit anschließender Hatz erwartete, wurde schnell von der schon so geprüften vorzüglichen Nase des Hundes eines Besseren belehrt. Nur rund 80 Meter vom Anschluss entfernt in einem angrenzenden Fichtenbestand lag das Stück: für eine Sau eigentlich zu groß, oder? Und so richtig schwarz im Sinne von Schwarzwild auch nicht; denn die völlig überraschten Jäger standen vor einem drei- bis vierjährigen Kolbenhirsch, der wohl noch zum stattlichen Achter herangewachsen wäre, wenn die Knochenmasse unter dem Bast noch etwas Zeit bekommen hätte, sich zu entwickeln.

Angesichts der spärlichen Ausstattung einerseits, des prächtig ausgeprägten Jagdtriebes andererseits lag er jedoch nun und wartete, verarbeitet zu werden. Eine Trophäenschau hat dieses halb ausgewachsene Geweih im Bast natürlich nie gesehen. Das Revier diesen Jagdgast auch nicht mehr.

Nicht ganz so heldenhaft wie Siegfried

Bis Hagen von Tronje ihm ein jähes Ende bereitete, war Siegfried unbesiegbar, denn er hatte ja im Drachenblut gebadet. Heroisch hatte er von diesem Tage an gelebt, bis der hinterhältige Hagen ihn erschlug. Ebenso unbesiegbar und heroisch fühlte sich Karsten, nachdem er nicht nur seinen Jagdschein, sondern gleich eine neue kombinierte Waffe erworben hatte.

Aus dem Freund aus Kindertagen wurde nun ein Jagdfreund, der dem jungen Jäger selbstverständlich weder etwas abschlagen noch nach einem Fehlabschuss böse sein konnte. So kam es, dass Karsten es vermochte, in einem Jagdjahr gleich acht Bachen auf die Schwarte zu legen. Führend im Sinne der Strafvorschriften des Bundesjagdgesetzes war indes keine von ihnen. Der Sauenbestand und der damit verbundene Abschuss reduzierte sich im Folgejahr gleich um die Hälfte und erholte sich seither nie mehr. Der Jagdfreund wird nun nach jedem Ansitz, den er als Schneider verlässt, daran erinnert, dass die guten alten Zeiten mit hohen Sauenbeständen vorbei sind. Dank Karsten, dem Bachentöter.

VERHALTENSREGELN

Wer als Jungjäger das Glück hat, auf großzügige Jagdherren zu treffen, der sollte »den Bogen nicht überspannen«, denn sonst ist es bald vorbei mit der Großzügigkeit oder gar der Jagdmöglichkeit.

Geschäftstüchtig sein ist nicht immer gut

Mark hatte seine erste Sau erlegt. Es war gleich ein Keiler. Und was für einer: 120 Kilogramm aufgebrochen, prächtige Waffen, jede Menge Wildbret. Und als Krönung des Jägerglücks erhielt er von der Jagdherrin nicht nur das kleine Jägerrecht, also die dem Erleger zustehenden Innereien und die Trophäe, also die starken Waffen des Keilers. Weil's eben seine erste Sau war, sollte er sich jeden Bissen schmecken lassen und sich bei jeder einzelnen Kaubewegung immer wieder an dieses besondere Jagderlebnis erinnern.

Doch Mark war als Jungjäger einer von der geschäftstüchtigen Sorte: Er bedankte sich brav für das Geschenk, ließ über hundert Mettwürste davon machen und verkaufte sie an Hans und Franz oder wen er gerade traf für »'nen Zehner«. Die Kunden waren begeistert, vielleicht auch weil sie nicht wussten, dass das Wildbret keine Untersuchung auf Hepatitis E und Dunker'sche Muskelegel erfahren hatte.

Als über die Begeisterung der Kunden die Jagdherrin von den Früchten ihres Geschenks Kenntnis erlangt hatte, war sie enttäuscht über so wenig Wertschätzung für das Geschenk und verärgert über die Profitgier des Beschenkten. Schließlich gab es weder einen Teil der Wurst für die Jagdherrin noch einen Teil des Erlöses für die Jagdkasse, aus der unter anderem der Hochsitz bezahlt worden war, von dem aus Mark den mächtigen Keiler erlegt hatte.

Wer ist hier die Ratte?

Marco hatte in der Schule nicht besonders gut aufgepasst. Mitte zwanzig waren ihm bereits die Haare ausgefallen. Um den Blick der Mitmenschen davon abzulenken, trug er stets ein goldenes Halskettchen und eine wuchtige Schweizer Uhr am Handgelenk. Als Jungjäger war er immer sehr dienstbeflissen, half beim Kirren, beim Aufbrechen und sogar beim Frühjahrsputz der Schlafkanzeln.

Einen dieser Hochsitze nutzten offenbar nicht die Jäger zum Schlafen; die kleinen Kreaturen lagen zusammengekauert in der Ecke und warteten aufs Großwerden oder die Eltern – doch stattdessen kam Marco. »Iiieehh, Ratten!«, fuhr es aus ihm heraus, er nahm die Tierchen trotz der Arbeitshandschuhe mit spitzen Fingern und warf sie einige Meter in die Tiefe. Der völlig entsetzte Jagdherr erkannte sofort, dass die vermeintlichen Ratten in Wirklichkeit kleine Siebenschläfer waren, die der Funktion der Kanzel alle Ehre gemacht haben. Der Jagdherr löste sich von diesem leider auch jagdlich viel zu ungebildeten Jungjäger.

Max und die Pietät

Der Jagdtrieb hatte Max gepackt und ihn das im Internat an Umgangsformen Erlernte wohl vergessen lassen, als er zwei in sich gekehrte Frauen anharschte, sie mögen ihn gefälligst vorbeilassen, schließlich sei er auf der Jagd und müsse den schmalen Weg mit seinem breiten Pick-up passieren, um die Kirrungen zu kontrollieren. Die beiden wussten nicht, was und wie ihnen geschah, sodass sie wort- und sprachlos zur Seite wichen. Wieder zu sich gekommen, riefen sie den Jagdpächter an, um in Erfahrung zu bringen, wer sich dort so großspurig aufführte; immerhin befanden sie sich auf ihrem eigenen Grundstück und suchten nach einem geeigneten Feldstein, der das Grab des gerade verstorbenen Familienoberhauptes und Vorsitzenden der Jagdgenossenschaft zieren sollte.

Sie wünschten sich, dass sich dieser pietätlose Jäger künftig von ihrem Grundeigentum fernhielte, und ein Wunsch ist schließlich die stärkste Form der Forderung. Der kleinlaute Jagdpächter verpasste dem Jungjäger ohne Erlaubnisschein und Manieren eine Lektion und dieser bat brav, ausgestattet mit einem ansehnlichen Blumenbouquet, um Entschuldigung. An seiner Stellung als persona non grata, also als sonst aus diplomatischen Spannungen bekannte unerwünschte Person, änderte es leider nichts.

Weidmannsheil – Weidmannsdank

Leo hatte alles richtig gemacht: Crash-Kurs bei der Jagdschule in der Nachbarschaft, bestandene Prüfung vor dem Kreisjägermeister, passende Ausrüstung für Ansitz und Drückjagd gekauft. Nun ging es los zur ersten Drückjagd bei einem Bekannten, den Leo im Rahmen der Jungjägerausbildung kennengelernt hatte. Freundlich und zuvorkommend, wie er war, bekam er einen ordentlichen Sitz zugewiesen, von dem aus er später sein erstes Stück erlegen konnte.

Zuvor jedoch, beim Abstellen, wies ihm der Ansteller seinen Hochsitz zu und wünschte ihm »Weidmannsheil«, das Leo noch vor dem Ansitz und damit vor der Erlegung mit »Weidmannsdank« beantwortete. Dieser Fauxpas war das Einzige, was man ihm wohl jemals vorzuwerfen haben wird. Eine Kleinigkeit – doch leider ein oft begangener Fehler –, die völlig überflüssig ist und den Jungjäger, der im Galopp durch die Ausbildung gehuscht ist, erkennen lässt.

VERHALTENSREGELN

Jäger begrüßen und verabschieden sich gegenseitig mit »Weidmannsheil«. Mit »Weidmannsdank« wird aber nur geantwortet, wenn das »Weidmannsheil« als Glückwunsch zum erlegten Stück Wild gemeint war.

Hochsitz Marke Eigenbau

Robert war als gelernter Fleischer ein gern gesehener Jagdgast, denn er bot sich regelmäßig an, einzelne Stücke oder auch ganze Drückjagd-Strecken fachgerecht zu zerwirken. Doch so geschickt er mit dem Wildbret umzugehen vermochte, so unbekannt war ihm offenbar die Vorschrift VSG 4.4 § 7 Abs. 1. Danach müssen Hochsitze »fachgerecht errichtet und mit Einrichtungen gegen das Abstürzen von Personen gesichert« sein. Was früher UVV, also Unfallverhütungsvorschriften hieß, nennt man heute Vorschriften für Sicherheit und Gesundheitsschutz. Dazu gibt es reichlich Bauanleitungen in Büchern, Zeitschriften und im Internet, sodass ein Blick in die Vorschriften und Baupläne genügt hätte, um Robert viel Zeit zu ersparen und keine Hochsitze zu bauen, die nicht sicher waren und auch noch die Namen »Der Hässliche« und »Der ganz Hässliche« trugen.

Jagdliche Kontakte knüpfen und pflegen

Gleichgesinnte zu finden – vielleicht auch in sozialen Netzwerken –, das ist im jagdlichen Umfeld unerlässlich. Schließlich wird die Jagd zur Erfüllung, wenn man sich gemeinsam über Jagderfolge freuen kann. Tipps und Tricks bekommt man bei Jägern vor Ort und bei Hegeringen.

Der Jägerbrief hängt hübsch gerahmt an der Wand, die Haftpflichtversicherung ist abgeschlossen und der Jagdschein gelöst. Die ersten jagdlichen Erfolge und damit verbundene Erfahrungen stellen sich ein, und je älter man wird, je mehr das persönliche Profil geschärft ist, desto weniger findet sich ein passendes Gegenstück. Das gilt unter Jägern umso mehr, als wohl bei kaum einer Betätigung oder Aufgabe die Persönlichkeit so schnell zu Tage tritt wie bei der Jagd mit ihren den Menschen aufs Äußerste fordernden Situationen. Dort geht es um gefährliche Situationen, die auch für die Jäger lebensgefährlich sein können. Wer sich da nicht zurücknehmen, disziplinieren und in eine Gruppe einbringen kann, wird es schwer haben, langfristige Jagdfreundschaften zu knüpfen und zu erhalten. Einige Jäger haben sich deshalb völlig zu Recht den Ruf eines »Wanderpokals« erworben. Nach einigen Jahren oder Monaten, je nach Intensität des jagdlichen Miteinanders, ist das bisherige Umfeld unerträglich geworden und es müssen neue Freunde her. Um sich nachhaltig in Jägerkreisen zu etablieren, sollte man nichts überstürzen und Gleichgesinnte suchen; denn leider ist wohl auch Neid und Missgunst nirgends so stark ausgeprägt wie unter Jägern. So sagt ein altes Sprichwort aus Zeiten vor der emanzipatorischen political correctness: »Jagdneid ist schlimmer als Weiberneid.«

Um also die passenden Äquivalente im großen Jägerheer zu finden, um Tipps zu bekommen, wo z.B. ein Revier frei wird, oder um einen Begehungsschein zu ergattern, bieten sich unterschiedliche Plattformen des Kennenlernens und des Austauschs an, von Sozialen Netzwerken bis zu den Jägern vor Ort, vom Hegering bis zum Schießstand.

Netzwerken erlaubt

Schon vor dem Internet wurde »genetzwerkt«, nur eben ein bisschen anders. Aber egal, wie man es anstellt, auch im jagdlichen Umfeld ist es gut, viele Menschen zu kennen.

So sicher, wie das Internet keine vorübergehende Erscheinung ist, so sehr sind auch Soziale Digitalmedien und Netzwerke aus der jagenden Gesellschaft nicht mehr wegzudenken. Bei Facebook gibt es beispielsweise jede Menge Gruppen für Jägerinnen und Jäger, in denen man sich austauscht und Kontakte knüpft. Sei es die »Gruppe der weidgerechten Jäger« oder die »Jungen Jäger Bayern«, die Mitglieder werden durch Beiträge der anderen auf dem Laufenden gehalten und wer sich einbringt, muss nicht lange warten, bis auch Nachrichten über den Messenger ausgetauscht werden. Ruckzuck ist ein Treffen anberaumt und vielleicht sogar eine jahrelange Jagdfreundschaft geknüpft. Bei Instagram gibt es zwar keine Gruppen, dafür aber jede Menge Abonnenten, die die Jagd-Influencer hinter sich scharen.

Die Sozialen Medien, einschließlich Marktführer facebook, sind jedoch nicht nur der Rummelplatz für freundlich gesinnte Jäger, sondern auch der Tummelplatz für kritische und feindselige Nichtjäger. Da heißt es: gut aufpassen. Vor allem, wenn die Freude über die erfolgreiche Jagd und die erlegte Beute so überwältigend groß ist, dass man sie der ganzen Welt

mitteilen möchte. Die geposteten Erlegerfotos erreichen zwar viele, die sich stumm mitfreuen, aber noch mehr Kritiker, die zu wahren Hassern werden können. Wer von dieser Spezies aufs Korn genommen wird, erlebt schnell einen Shitstorm oder ein *Bashing*, das sehr weit unter die Gürtellinie gehen kann und nicht selten in straf- und zivilrechtlichen Prozessen mün det. Das Schicksal einer Reihe sogenannter *Huntresses*, die mit Strafanträgen, Unterlassung- und Schmerzensgeldklagen gegen sogenannte *Hater* vorgehen mussten, bleibt eher im Verborgenen, damit die Opfer vor weiterem Öl im Feuer verschont bleiben. Der Wind ist jedenfalls rau, der Umgangston scharf und trifft selten das passende Niveau. Jeder sollte sich also bestens überlegen, was wo und mit welchem Bild gepostet wird. Letzten Endes sind für Nichtjäger erlegte Stücke eben nur totgeschossene Tiere.

VERHALTENSREGELN

Durch Beiträge und Kommentare kommt man in Sozialen Medien schnell über die Nachrichten-Funktion zueinander und erhält im besten Fall die eine oder andere Jagdeinladung. Im »www« gilt bei allen Beiträgen, was auch im richtigen Leben oberste Priorität hat: höflich miteinander umgehen.

Jäger im Ort

Am besten man fährt mehrgleisig, also nicht nur digital, und knüpft Kontakte auch immer auf analoge Art und Weise, nämlich auf gemeinsamen Jagden und natürlich mit den Jägern vor Ort. Vor allem, wenn es um das Pachten einer Jagd geht, kann das von Nutzen sein.

Einigen wird der spätere Jagdpachtvertrag bereits in die Wiege gelegt, weil schon die Vorfahren seit Jahrzehnten oder gar seit Jahrhunderten vor Ort zur Jagd gingen, andere – insbesondere Hinzugezogene – müssen sich erst einmal etablieren, um überhaupt vor Ort mitgehen zu dürfen. Wer nicht geborener Jagdpächter ist, kann durchaus als Gefahr für die Hegemonie betrachtet werden. Trotzdem kann man nicht mehr als ein Nein hören, wenn man freundlich nachfragt, ob man mal mitgehen dürfte. Bietet sich eine gute Gelegenheit, wissen die Beteiligten, dass es einen als Jäger vor Ort gibt. Sich hingegen mit Macht in die örtliche Gemeinschaft und damit in die Jagdgenossenschaft hineinzudrängeln, bringt häufig nicht den gewünschten Erfolg, sondern dauerhafte und nicht nur auf den jagdlichen Bereich reduzierte Ablehnung.

Jagdliches Schießen

Auch auf dem Schießstand kann man viele Jägerinnen und Jäger kennenlernen. Das jagdliche Schießen ist zwar eine zeitaufwendige und teure Angelegenheit, bringt aber auch Sicherheit im Umgang mit der Waffe, also gute Schießergebnisse, die die Jäger dem Wild schon aus Gründen der Weidgerechtigkeit und des Tierschutzes schuldig sind. Wer sich also regelmäßig und insbesondere an den Wochenenden auf den Schießstand, der in der Regel von der örtlichen Kreisjägerschaft betrieben wird, begibt, wird dort immer wieder dieselben schießfreudigen Jägerinnen und Jäger treffen und zu ihnen schnell Kontakt finden. So kommt man ins Gespräch und vielleicht sogar zu einer Jagdgelegenheit.

Organisierte Jäger

Auch auf höherer Ebene ist es lohnenswert, Kontakte zu knüpfen. Die Jagdverbände warten auf engagierte Jäger.

Die Landesjagdverbände bilden, mit Ausnahme des Bayerischen, den Deutschen Jagdverband, der die Interessen der Jägerinnen und Jäger gegenüber der deutschen Politik und Öffentlichkeit wahrnehmen soll.

Die Landesjagdverbände sind in der Regel auf Orts-, Kreis- und Bezirksebene organisiert; auf Ortsebene heißen sie Hegeringe und organisieren die Jägerschaft. Der Vorsitzende dieser Ortsverbände wird seit jeher Hegeringleiter genannt, ein Begriff, mit dem man mehr verbindet als einen Ortsvorsitzenden, vielmehr ist diese Person eine Institution. Sie koordiniert nicht nur gemeinsame Hegemaßnahmen und fördert die Hegegemeinschaften über die Hegeringgrenzen hinaus, sie kennt auch die Mitglieder und deren Reviere und weiß, wer Hilfe benötigen kann und wo ein Revier demnächst mal frei wird. Sich an ihn zu wenden bedeutet im besten Falle, auf ein Netzwerk der örtlichen Jägerschaft zurückgreifen zu können und gleichzeitig Tipps und Tricks zu bekommen, um sich in der örtlichen Jägergemeinschaft zurechtzufinden und sich nach gewisser Zeit zu etablieren. Dann kennt man seine Jagdnachbarn und auch die Mitglieder der Hegegemeinschaften, mit denen zusammen man dasselbe Wild bejagt.

Jagen in den Landes- oder Kommunalforsten

Jeder Revierförster und jede Revierförsterin betreut in der Regel eine kleinere Truppe von Begehungsscheininhabern, die sich nicht nur ansetzen, um Böcke oder Hirsche zu schießen, sondern dem jeweiligen Revierleiter zur Hand gehen, wenn es darum geht, den Abschuss des weiblichen Rehwildes oder aus forstlicher Sicht kritisch betrachteter Geweihträger zu erledigen.

Ist die Warteliste für einen Begehungsschein zu lang, sollte man fragen, ob man als Jagdgast »mal mitgehen« kann. Dies wird einem gerade in Bezug auf den Abschuss weiblichen Rehwildes kaum versagt werden. So sammelt man die ersten Erfahrungen und wird ein gern gesehener Gast in dem jeweiligen Forstrevier. Ganz schnell rückt man in der Warteliste dann auch nach oben und kann gegebenenfalls einen eigenen Pirschbezirk oder sogar ein eigenes forstliches Pachtrevier sein Eigen nennen.

Die Gegebenheiten vor Ort sind ganz unterschiedlich, sowohl hinsichtlich der Rechte als auch der Pflichten. Die Freiheiten eines Jagdrechts genießt man natürlich erst nach Abschluss eines von der Jagdbehörde genehmigten Pachtvertrages. Ein Begehungsschein in einem Pirschbezirk hat immer etwas von Gästestatus.

Tue Gutes und rede darüber!

Ob Jagdpächter, Jungjäger oder Jagdgast – es gibt viele Möglichkeiten, sich im Revier nützlich zu machen, Weidgerechtigkeit zu leben und die Natur zu schützen. Bei verschiedenen Gelegenheiten können sich Jäger außerdem für das Allgemeinwohl einsetzen. Und das hat auch eine gute Außenwirkung.

Die Möglichkeiten, sich im Revier nützlich zu machen, erscheinen schier grenzenlos: von Müll sammeln bis einen Wildacker anlegen, von der Unterstützung in Sachen Social Media bis zur »roten Arbeit« kann sich jeder einbringen. Höflichkeit und tatkräftige Unterstützung sind dabei wichtige Voraussetzungen für ein gutes Miteinander. Dabei müssen weder die Alten belehrend sein, etwa, wenn es um den Bau eines Hochsitzes geht, noch die Jungen herablassend, wenn um Rat bezüglich des Umgangs mit Internet und PC gebeten wird. Jagd ist generationenübergreifend, bringt Generationen zueinander und lässt sie voneinander lernen.

Im Revier

Im Revier gibt es jede Menge zu tun: Müll sammeln, Landwirte unterstützen, beim Hochsitzbau helfen und vieles mehr. Wer mitmacht, ist gerne gesehen.

Aktiv die Umwelt schützen, das machen Jäger in unterschiedlichen Bereichen, sinnvoll einbringen können sie sich aber vor allem auch beim Thema »müllfreies Revier«. Auch der Deutsche Jagdverband e.V. wirbt immer wieder für gemeinsame Aktionen mit Naturschützern und allen Interessierten, um den Wald von Plastik, Dosen und anderem Unrat zu befreien.

Integriert man Jugendgruppen aus Kirche oder Feuerwehr, Schule oder Kindergarten bei solchen Sammeltagen, kommt man nicht nur ins Gespräch, sondern wird nachhaltige Beziehungen aufbauen und Verständnis für Natur und Jagd fördern. Diejenigen, die an solchen Sammeltagen teilgenommen haben, werden künftig keine Müllentsorger in der Natur sein. Wer die Jäger erlebt, wie sie sich für die Natur einsetzen, den wird man nicht als schärfsten Kritiker der Jagd erfahren.

Wildtierleben retten

Die Bilder von unter Müll leidenden Wildtieren gehen nicht nur Naturfreunden nicht aus dem Kopf: Da ist der Damhirsch mit der Elektrolitze im Geweih, der sich damit beim Verfegen des Bastgeweihs an einen Baum fesselt und verdurstet. Da sind die Vögel, die Kunststofffolie zum Bau ihrer Nester verwenden, aus denen dann der Regen nicht mehr ablaufen kann und die Brut ertrinkt oder das Nest verschimmelt. Da sind Füchse und Igel, die in offenen Dosen nach Essbarem suchen, stecken bleiben, den Kopf nicht mehr freibekommen und jämmerlich zugrunde gehen.

VERHALTENSREGELN

Müll sollte im Revier weder achtlos weggeworfen noch gefundener Müll liegen gelassen werden. Sammeln Sie Plastik, Blech & Co. immer auf.
Am besten wird ein Müllsack im Auto deponiert, um das Gefundene später im Hausmüll oder auf einem Bauhof nach Material getrennt zu entsorgen.

Müll auflesen und richtig entsorgen gehört beinahe schon in die Kategorie Weidgerechtigkeit. Es sollte nicht nur bei jedem Streifzug durchs Revier der gefundene Müll aufgelesen und mitgenommen werden, viel mehr eignen sich auch – gerade in der Schonzeit – festgesetzte Müllsammeltage, an denen die Natur von den Hinterlassenschaften der Umweltfrevler befreit werden kann.

Wird vor solchen Aktionen die Gemeinde oder die Kreisverwaltung informiert, besteht in der Regel die Möglichkeit, den zusammengesuchten Müll kostenlos entsorgen zu lassen. Schließlich übernimmt man auch eine Aufgabe für das Gemeinwohl. Wenn nach der Aktion nicht nur ein Foto gemacht wird, das der örtlichen, aber auch der jagdlichen (Fach-)Presse mit einer entsprechenden Information zur Verfügung gestellt wird, sondern auch noch Wildschweinbratwurst auf den Grill kommt, kann man davon ausgehen, dass auch bei der nächsten Aktion viele freiwillige Helfer dabei sein werden.

Mit solchen Aktionen tun Jäger nicht nur der Natur etwas Gutes, sondern auch der Jägerschaft insgesamt und den Jägern vor Ort, denn die nächste Jagdverpachtung kommt bestimmt und dabei geht es nicht immer nur um das finanzielle Höchstgebot. Engagement für die Natur und für die Gemeinschaft zahlen sich am Ende für alle aus. Der Jungjäger, der etwa einen Müll-Sammeltag organisiert, kann davon ausgehen, dass er auch, ebenso großzügig wie sein Einsatz gewesen ist, bei der Freigabe berücksichtigt werden wird.

Wiesen eindecken

Gerade in Jahren satter Eichelmast geht das Schwarzwild gerne ins Grünland und bricht nach Engerlingen und anderen Insekten. Vom Grünland – seien es Mähwiesen oder Weiden

– bleibt häufig nicht viel mehr als eine grün-braune Kraterlandschaft. Den Landwirten geht dadurch der wertvolle erste Schnitt im Frühsommer verloren, wenn das Gras besonders saftig und gehaltvoll ist. Das Grün ist meist nicht mehr zu retten, denn die Schäden müssen maschinell bearbeitet, das Gras nachgesät werden.

Wenn jedoch, gleich nachdem die ersten Schäden sichtbar werden, die (jungen) Jäger mit Harke und Schaufel dabei sind, die Anfänge der aufgebrochenen Grasnarbe wieder einzudecken, genügen die üblichen Arbeiten im Frühjahr, um die Gras- oder Heuernte ganz normal, als wären niemals Sauen dort gewesen, einzufahren. Die Trauer und Wut des Landwirts und den Wildschaden für den Jagdpächter – all dies fängt der Jungjäger ab. Mit Harke, Spaten und ein paar guten Freunden im Schlepptau geht die Arbeit leicht von der Hand. Und der Jungjäger und Jagdhelfer darf sich auf eine großzügige Freigabe freuen.

Wildacker anlegen

Wildäcker sind keine illegalen Futterstellen, sondern gelten als biotopverbessernde Maßnahmen. Sie erfolgversprechend anzulegen bedarf zwar keiner landwirtschaftlichen Ausbildung, aber einem gewissen Maß an Mühe, wenn die Fläche dem Wild als Nahrungsquelle und Aufenthaltsort dienen soll.

Die Auswahl der passenden Fläche ist die erste Herausforderung, denn sie soll ja dort ein Angebot schaffen, wo das Wild gerne wechselt, also jenseits der hochfrequentierten Spazierwege und möglichst fernab von jedweder Straße, um keine Wildunfälle durch den neuen Magneten zu provozieren.

SO LEGEN SIE EINEN WILDACKER AN

- Genehmigung beim Grundeigentümer einholen.
- Boden analysieren. Eine Bodenanalyse gibt Aufschluss darüber, welche bodenverbessernden Maßnahmen vor der Einsaat durchzuführen sind und für welche Pflanzen der Boden geeignet ist.
- Mischung auswählen. Sogenannte Pioniermischungen aus Klee, Hafer, Roggen, Ölrettich und Wicken eignen sich auch für die Erstanlage von Wildäckern.
- Boden vorbereiten, aussäen und regelmäßig nach der Fläche schauen.

JAGDWISSEN

Wer einen Wildacker anlegen will, muss beachten: Die Nutzung als Wildacker ist mehr als bloße Jagdausübung, es bedarf deshalb unbedingt der Zustimmung des jeweiligen Grundeigentümers, der über die Jagdgenossenschaft schnell gefunden ist.

Wer es sich zutraut, leiht sich einen Traktor mit Fräse, kauft im Landhandel einen Sack Saatgut und schon geht's los. Man kann aber auch einen im Ort bekannten oder vom Maschinenring vermittelten Landwirt ansprechen, er erledigt die Arbeit mit Sicherheit ebenso gerne, außerdem viel schneller und womöglich erfolgreicher. Die Kosten werden nach sogenannten Maschinenringsätzen, die transparent veröffentlicht sind, abgerechnet, sodass jeder weiß, was auf ihn zukommt. Da genügt dann schon die Organisation dieses Vorhabens und Wild und Jagdherr werden spätestens nach Auflaufen der Saat begeistert sein.

Futter und Kirrmaterial

Den Unterschied zwischen Fütterung und Kirrung, zwischen füttern und kirren, lernt jeder Prüfling im Vorberei-

tungskurs. Kurz danach schwindet häufig die klare Unterscheidung und es werden nur noch die Kirrungen beschickt, mal mit mehr, mal mit weniger Mais, Getreide, Kartoffeln, Rüben, Eicheln, Äpfeln oder sonstigen Feld- und Waldfrüchten. Nicht nur beim regelmäßigen Beschicken der Kirrungen werden fleißige Helfer gebraucht, auch bei der Beschaffung der Früchte kann Fleiß eine dicke Brieftasche ersetzen. So sind Landwirte, Großhändler und Leiter von Supermärkten froh, wenn sie angestoßene Äpfel oder gekeimte Kartoffeln nicht teuer entsorgen müssen, sondern sie einem Jäger für »sein« Wild mitgeben können. Ganze Big-Packs voll Mais oder Weizen kosten pro Kilo nur einen Bruchteil sogenannter gesackter Ware und können dann fürs ganze Jagdjahr ausreichen.

Das Zusammenfegen von Eicheln am Straßenrand oder das - natürlich vom Bauern genehmigte - Nachstoppeln von Mais, Rüben oder Kartoffeln kostet dagegen nur Mühe.

Die Bundesländer schreiben die Menge und Art des Kirrgutes vor und ahnden Verstöße. Auch Pachtverträge mit Landesforsten oder die Naturschutzverordnungen verbieten regelmäßig das Kirren.

Doch Vorsicht: Es gilt, die Vorschriften der Bundesländer und die festgelegten Vorgaben im Jagdpachtvertrag einzuhalten. Erwünscht ist hingegen die Wildfütterung im Winter, genauer gesagt: zur Notzeit. Wenn das Wild also keine Nahrung mehr finden kann, weil Schnee, Frost, Überschwemmungen oder Waldbrände es daran hindern, ist es ein Gebot der Weidgerechtigkeit zu helfen. Artgerechtes Futter ist dann nicht nur Kraftfutter in Form von Getreide und Mais, sondern auch Heu und Prossholz, also Triebe von weichen Bäumen wie Weide oder Espe, die die Verdauung des wiederkäuenden Wildes unbedingt benötigt.

Beim Hochsitzbau unterstützen

Über den Hochsitzbau gibt es ungezählte Publikationen, Bauanleitungen, ja sogar fertige Bausätze, die den Bauherren die Planung, den Zuschnitt und die Materialbeschaffung erleichtern. Doch mit dem Bau eines Hochsitzes fangen die Herausforderungen häufig erst an.

— Steht der Hochsitz überhaupt an der richtigen Stelle?
— Passt der Wind?
— Sind die Wechsel weit genug entfernt?
— Ist der Grundeigentümer mit der Errichtung des Hochsitzes einverstanden?
— Verbietet eventuell die örtliche Naturschutzgebietsverordnung die Errichtung von Hochsitzen?
— Ist das Material geeignet, die nächsten Jahre zu überdauern?
— Ist ein geräuscharmes Erreichen der Kanzel möglich?

Am besten ist man da mit Plätzen beraten, die auch Generationen von Jägern zuvor für die Ansitze gewählt hatten. Diese alten Ansitze können jedoch nicht einfach ohne Weiteres durch neue ersetzt werden. Sie müssen auch entsorgt und nicht, wie leider häufig üblich, einfach neben dem neuen Hochsitz liegen gelassen werden. Dort bleiben sie dann meist über mehrere Jägergenerationen, bis sie endlich verrottet sind. Die Holzschutzmittellasuren der vergangenen Jahrzehnte leisten meist noch ganze Arbeit, wenn ihr Zweck bereits längst erfüllt gewesen ist.

Da man die ehemaligen Hochsitze nicht nur wegen der Holzschutzmittel, sondern auch wegen der darin enthaltenen Nägel und Schrauben, Teppiche und Dachpappenreste nicht im Revier haben möchte, entsorgt man sie fachgerecht. Das kostet nicht nur Zeit, sondern auch Geld. Würde man die Zeit als Handwerkerlohn in Rechnung stellen, käme man für die Entsorgung gewiss auf die Hälfte der Kosten für die Errichtung. Kosten, über die man sich nicht nur Gedanken machen muss, sondern die man tatsächlich berücksichtigen und aufbringen muss, wenn es um die Kosten des Revieres und der Jagd geht.

VERHALTENSREGELN

Nicht nur die Errichtung von Hochsitzen, sondern auch die Unterhaltung, Reparatur und der Abriss sind eine gute Gelegenheit, sich als Jungjäger in die vielfältigen Aufgaben des Reviers einzubringen.

Die helfenden Hände eines Jungjägers oder Jägerkollegen sind deshalb gerade bei der Entsorgung von Hochsitzen nicht nur gerne gesehen, sondern häufig Voraussetzung, dass es überhaupt eine ordnungsgemäße Entsorgung gibt. Es ist doch viel einfacher, die Reste »erst einmal« neben dem neuen Hochsitz liegen zu lassen, um sie dann »irgendwann später« zu entsorgen.

Rechtliches zum Hochsitzbau

Die Unfallverhütungsvorschriften (UVV Jagd, VSG 4.4) verpflichten die Jäger, einigermaßen sichere Hochsitze zu errichten. Eine völlige Sicherheit kann es wohl nicht geben, Stürze von Hochsitzen sind leider noch immer an der Tagesordnung.

Je nachdem, wie folgenschwer sie verlaufen, haben sie auch ein entsprechendes juristisches Nachspiel. Die Fragen der Berufsgenossenschaft sind das eine, die Ansprüche gegenüber der Haftpflichtversicherung das andere. Häufig unterschätzt werden darüber hinaus strafrechtliche Aspekte; denn wer zur Verkehrssicherung verpflichtet ist, macht sich strafbar, wenn er gegen diese Verpflichtungen verstößt und dadurch andere verletzt werden oder gar zu Tode kommen. Die Straftatbestände der fahrlässigen Körperverletzung und der fahrlässigen Tötung werden dann juristische Konsequenzen des unzureichenden Hochsitzbaus oder der Unterhaltung von Hochsitzen.

Stürzt ein Jagdgast von einer ihm zugewiesenen Ansitzeinrichtung, weil diese nicht unterhalten worden ist oder bei der jährlichen Hochsitzschau ignoriert worden war, haftet der verantwortliche Revierinhaber oder sein Beauftragter nicht nur für die zivilrechtlichen Ansprüche, sondern auch strafrechtlich. Die Folge so eines Strafverfahrens ist dann nicht nur eine Geld- oder Bewährungsstrafe, sondern auch die angenommene Unzuverlässigkeit im jagd- und waffenrechtlichen Sinne, sodass es dann vorbei ist mit der Jagdausübung - zumindest für einige Jahre.

Technik und Buchhaltung

Seitdem Menschen jagen, benutzen sie dafür Technik. Diese funktioniert nur, wenn man sie regelmäßig wartet: eine wunderbare Aufgabe für Jungjäger!

Im Revier gibt es viele Maschinen, deren Schmiernippel darauf warten, regelmäßigen Besuch von der Fettpresse zu bekommen. Sei es der Revierschlepper, der Krautschläger oder die Fräse zur Unterhaltung der Wühläcker fürs Schwarzwild, die Maschinen laufen leichter und halten länger, wenn sie regelmäßig gewartet werden. Dafür muss man kein Experte oder Mechaniker sein. Ein Blick in die online erhältliche Bedienungs- oder Wartungsanleitung genügt.

Aber auch filigranere Technik braucht regelmäßige Unterstützung. So müssen die Wildkameras nicht nur regelmäßig gesäubert, auch die Speicherkarte sollte hin und wieder geleert werden, um weiter einwandfrei zu funktionieren. Selbstverständlich muss man ebenso regelmäßig die Batterien tauschen. Wer umweltfreundlich ist, schafft Akkus an oder baut sogar ein kleines Kästchen, in dem ein großer Akku neben der Wildkamera aufbewahrt werden kann, damit der Wechsel des Energieträgers seltener erfolgen muss.

Die vor allem älteren Mitjäger werden dankbar sein, wenn man ihnen das Einrichten der Wärmebild- und Nachtsichttechnik abnimmt. Dazu gehören auch die regelmäßigen Kontrollschüsse mit montierten Vorsatz- oder Aufsatzgeräten. Und wenn man dabei die Waffe schon mal zur Hand hat, kann man sie auch gleich reinigen und neu ölen. Der Jungjäger, der sich so als Waffen- und Gerätewart empfiehlt, wird schnell unersetzlich sein und einen festen Platz in der Jagdgemeinschaft finden, der weitere Einladungen garantiert.

So behalten Sie den Überblick

Was früher vor der Jagd an Zielwasser getrunken worden ist, muss heute an Bürokratie bewältigt werden.

Es geht bei Weitem nicht nur um die Teilnahmelisten bei Gesellschaftsjagden und die Abschusslisten, die regelmäßig zu führen bzw. auszufüllen und am Ende des Jagdjahres an den Hegering oder die Untere Jagdbehörde einzusenden sind. Es gilt, eine Menge Papierkram zu erledigen und Wichtiges schriftlich festzuhalten, damit nichts und niemand vergessen wird. Nicht jeder Jäger macht die Schreibtischarbeit gerne; deshalb sind viele froh, wenn sie in diesem Punkt Unterstützung bekommen.

ANFALLENDE ARBEITEN

- Um bei den Drückjagden niemanden zu vergessen und rechtzeitig die heiß begehrten Stöber-, Vorsteh- oder Schweißhundegespanne bestehend aus Hund und Hundeführer, für die Gesellschaftsjagden einzuladen, ist eine saubere und vorausschauende Buchführung und Adressverwaltung unerlässlich.
- Vor den Drückjagden müssen die Schützen den Ständen und Gruppenführern und nach der Jagd jedem das seinige erlegte Stück zugeteilt werden, denn nichts ist peinlicher für den Jagdherrn, als einen erfolgreichen Schützen bei der Vergabe der Erlegerbrüche zu übersehen. Wenn dann anschließend noch Stücke von der Strecke an die Erleger verschenkt oder

verkauft werden, muss auch darüber Buch geführt werden, um die Abschussliste und die Jagdkasse auf dem Laufenden zu halten.

- Schließlich müssen nicht nur die Jagdpacht, sondern auch die Beiträge zur landwirtschaftlichen Berufsgenossenschaft und gegebenenfalls - wo noch nicht abgeschafft - die Jagdsteuer rechtzeitig bezahlt werden.
- Wenn zum Jagdjahresende die Trophäenschauen stattfinden, müssen die Trophäen nicht nur zur Bewertung von den Schützen eingesammelt und zur Trophäenschau gebracht werden, jedes Stück erhält auch einen schriftlichen Hinweis, aus dem das Revier, die Erlegerbrüche und das Alter des Stückes hervorgehen. Selbstverständlich müssen die Trophäen nach der Trophäenschau wieder abgeholt und den einzelnen Erlegern zugeordnet oder ihnen sogar vorbeigebracht werden.
- Mit dem Abschussplan müssen die Abschüsse aufs Schalenwild, außer Schwarzwild, und z. T. Rehwild, beantragt werden.

Das Thema Internet

Inzwischen treffen sich Jäger nicht mehr nur einmal im Jahr persönlich, um sich gegenseitig die Trophäen zu zeigen und jede Menge Jägerlatein auszutauschen. Newsletter, Rundschreiben und Hinweise der verschiedenen jagdlichen Organisationen wechseln sich ab und wollen die geneigte Leserschaft erreichen. Da noch nicht alle Mitjäger über alle denkbaren digitalen Zugänge wie Internet, Messengerdienste und Social Media verfügen, ist auch dies eine gute Gelegenheit für die jüngeren Jäger, nicht nur mit den Älteren ins Gespräch zu kommen, sondern auch behilflich zu sein.

Jagd ohne Hund ist Schund

Einen Jagdhund auszubilden und zu führen ist eine besondere Aufgabe für die jagdliche Gemeinschaft, Jagdhundeführer werden immer gebraucht.

Was die Doktorarbeit für die Wissenschaft ist, ist die Hundearbeit für die Jagd. Sie erfordert Fleiß, Ausdauer und Konsequenz und ist enorm wichtig, denn ohne Hunde kann keine erfolgreiche Jagd auskommen. Dabei geht es zum einen um die Nachsuche beschossener und angeschossener Stücke, zum anderen aber auch um Treib- und Drückjagden, bei denen Hunde benötigt werden, um das Wild aufzuspüren, also zu finden und es auf die Läufe zu bringen, damit die abgestellten Schützen es erlegen können.

JAGDWISSEN

Wurde angeschossenes Wild von einem Jagdhund aufgestöbert, muss es abgefangen, also von seinen Leiden erlöst werden. Dies geschieht mit einer blanken Waffe, also Messer, Dolch, Hirschfänger oder Saufeder oder mittels gezielten Schusses aus der Lang- (Büchse, Flinte oder kombinierte Waffe) oder Kurzwaffe, also Pistole oder Revolver.

Ausbildung und Investition

Die Anschaffung des Jagdhundes stellt mit rund 1.000 Euro noch den geringeren Aufwand dar. Es braucht viele Hundert Stunden Aufmerksamkeit, Wiederholung und Korrektur, um die verschiedenen Prüfungen, u. a. die Brauchbarkeitsprüfung, die von Jagdverbänden oder Hundezuchtverbänden angeboten werden, zu bestehen. Auch nach den Prüfungen sind die Hunde nicht wie eine Büchse, die man zur Jagd aus dem Schrank holt, sondern in der Regel Familienmitglieder, die jeden Tag zu ihrem Recht kommen wollen und müssen.

Wer sich jedoch die Mühe macht, viel Geld und noch mehr Zeit in seinen vierbeinigen Jagdgefährten zu investieren, dem wird es an Jagdgelegenheiten, insbesondere zur Drückjagdsaison von Oktober bis Januar nicht fehlen, sind doch brauchbare Hunde rar und ist doch das Verhältnis von Hundeführern zu Standschützen in völligem Ungleichgewicht. Inzwischen sind wir sogar so weit, dass gute Hundeführer nicht mehr ohne angemessenes Salär zu den Drückjagden erscheinen. Gut so, denn früher sind Hundebesitzer nach Jagdverletzungen ihrer Tiere häufig auf den Arztkosten sitzen geblieben.

Wer sich also die Mühe macht, einen Hund zu einem für die Jagd brauchbaren Hund zu machen, erfüllt damit nicht nur die rechtlichen Anforderungen für sein eigenes Revier zur Möglichkeit einer unverzüglichen Nachsuche mit einem geprüften Jagdhund, sondern erhält dadurch meist mehr Jagdeinladungen, als ein berufstätiger Jäger im Herbst wahrnehmen kann.

Nach der Jagd

Nach dem Schuss beginnt die sogenannte »rote Arbeit«, also das Aufbrechen, später werden Trophäen präpariert.

Das Aufbrechen von erlegtem Wild ist keine besonders appetitliche Sache, insbesondere nicht, wenn man sie zum ersten Mal macht. Doch nach und nach stellt sich Routine ein. In den ersten Jahren machen viele Stücke und viele Schnitte den Meister, sodass auch die Übernahme der »roten Arbeit« für andere Jäger ebenso ein Gefallen wie auch die beste Gelegenheit zur Sammlung von Erfahrungen ist. Zum Dank für die Verschonung vor blutigen Händen - der Jäger sagt natürlich vor schweißigen Händen - gibt es Tipps und Kniffe, die keinesfalls als Belehrungen zu verstehen sind. Wer sich dann das eine oder andere Mal verschneidet und dadurch Filet, Rücken oder Keule entwertet, dem wird es nachgesehen, wenn er ansonsten hilfreich zur Seite steht.

Ist das Aufbrechen jahrzehntelang im Liegen auf dem Waldboden erfolgt, hängt man die Stücke heute entweder noch im Revier oder in der Wildkammer an den Hinterläufen auf und nimmt das Aufbrechen unter hygienischen Bedingungen so vor, wie dies auch aus Fleischereien bekannt ist. Die Jäger sind schließlich nicht nur für das Erlegen und den Bruch zuständig, sondern auch für die Gewinnung eines sehr kostbaren Lebensmittels, das alle Vorschriften der Biostandards von Demeter, Bioland & Co. übertrifft.

Wird in der Wildkammer aufgebrochen, gilt es, nach getaner Arbeit die Rückstände derselben einwandfrei zu beseitigen.

Sodann muss der Aufbruch entsorgt und alles ordentlich gereinigt werden, so wie man es sonst vielleicht nur vom Zusehen aus der Küche kennt. Wenn die eigenen Messer, wie die eines Sterne-Kochs, anschließend wieder zur Schärfe einer Rasierklinge geschliffen werden, ist bei der nächsten Jagd die Bewunderung groß, wenn die Strecke in null Komma nichts versorgt ist und alle zum gemütlichen Teil des Jagdtages übergehen können.

Trophäen präparieren

Wer freut sich nicht über ein majestätisches Hirschgeweih im Flur oder über stattliche Keilerwaffen neben dem Kamin? Doch Ausbildungsgegenstand ist das Präparieren von Geweihen, Gehörnen, Keilerwaffen oder sonstigen Trophäen für Jäger nicht. Da sie jedoch immer noch vorzuzeigen sind, muss

Nach der Jagd

sich auch irgendjemand finden, diese häufig nicht mal eben so gemachte und erst recht nicht wohlriechende Arbeit zu verrichten.

Dennoch: In Zeiten von entsprechend detailliert bebilderten Büchern oder Videos im Internet, die genau beschreiben, wie lange der Kochvorgang dauern darf und welche anschließende Präparation den größten Erfolg verspricht, bekommt es - einmal angeleitet - eigentlich jeder hin.

Da erst durch viele Wiederholungen die Routine kommt und das gleichzeitige Abkochen mehrerer Trophäen erhebliche Zeit spart, bietet es sich an, als junger Jäger diese Arbeit nicht nur für sich selbst, sondern auch für und insbesondere mit anderen durchzuführen. So wird aus lästiger Arbeit geselliges Gemeinschaftswerk, das die Jagderlebnisse nicht nur Revue passieren lässt, sondern auch das Gemeinschaftsgefühl nach getaner Arbeit verstärkt.

Ganz nach individuellem Geschmack bekommt das Geweih oder das Gehörn durch ein Trophäenschild eine persönliche und damit menschliche Note, damit es in die jeweilige Behausung passt. Nicht nur die Wände im jagdlichen Zuhause warten auf Verzierung. Die Böden können gar nicht genug vom Schmuck durch Decke und Schwarte vom Hirsch, Sau oder Dachs bekommen. Sich anzubieten, die hübschen Häute statt auf den Luderplatz zum Gerber zu bringen, wird umso dankbarer angenommen, wenn das prächtige Resultat nach einiger Zeit in den Händen gehalten werden kann. Es kleidet meist schnell den Lieblingsplatz des Jägers oder auch den seines Vierbeiners aus.

Hilfe nach einem Wildunfall

Es gibt viel mehr Wildunfälle als gemeinhin angenommen. Doch für die Wildtiere kommt kein Krankenwagen. Helfen kann und muss man gerade deshalb.

Es gibt fast so viele Wildunfälle, wie es Jäger gibt, nämlich über 270.000 pro Jahr. Dabei werden ca. 2.500 Menschen verletzt und ca. 20 sogar getötet. Aber es werden eben auch 270.000 Wildtiere dabei verletzt oder getötet. Und für sie kommt kein Krankenwagen, kein Bestatter, kein gelber Engel. Die Einzigen, die ihnen zur Seite stehen, um ihnen die Schmerzen und Qualen zu nehmen, sind Jäger, die sie davon mit einem gezielten Schuss erlösen. Doch eine Verpflichtung dazu haben Jäger nicht, sondern nur ein Aneignungsrecht.

Wenn mitten in der Nacht die Polizei anruft, um die Jäger darum zu bitten, das verletzte Wild zu erlösen oder aufwendig nachzusuchen, lehnt dies niemand ab. Da wird sich nicht so rücksichtslos benommen wie von demjenigen, der nachts durch hohe Geschwindigkeiten das gegen tonnenschwere Stahlgeschosse arg- und wehrlose Wild gefährdet. Und wenn dieser dann auch noch eine Bescheinigung zur Regulierung mit seiner Teilkaskoversicherung fordert, wird sie bereitwillig und meistens ohne die gerechtfertigte Aufwandsentschädigung erteilt. Wenn sich Jäger so verhielten wie manche Autofahrer vor und nach einem Wildunfall, wären sie ihren Jagdschein los.

Gut zu wissen – rechtliche Verhaltensregeln

Draußen sein, sich »Outdoor« aufzuhalten wird immer beliebter, sodass statt des Wildes die Freizeitreiterin oder der Nordic-Walker zur Abenddämmerung die jagdliche Bühne betreten, die Geocatcherin oder der Mountainbiker unverhofft den Pirschweg kreuzen.

Wenn das jagdliche Abenteuer, auf das man sich schon Tage, wenn nicht sogar Wochen vorbereitet und gefreut hat, ein jähes Ende durch eine vermeintlich vermeidbare Störung nimmt, ist die Stimmung dahin und ein Schuldiger schnell gefunden: »Wie kann man nur...?«, »Das darf doch wohl nicht wahr sein!«, »Was bilden die sich ein?«.

Diese Fragen und gewaltige Gedanken durchströmen des Jägers Kopf bei derartigen Erlebnissen und doch gilt es, sich zurückzunehmen, sich zu bescheiden; denn Jäger sind nicht alleine auf dieser schönen Welt und in dieser wunderbaren Natur. Auch wenn sich Jäger für die wahren Naturschützer und einzigen legitimierten Nutzer des Ökosystems halten, so sind wir doch nur wenige unter vielen, die ein Recht haben, Feld und Flur zu betreten, sich dort zu erholen und die Natur für sich zu nutzen.

Es kann aber nichts schaden, die Gesetzgebung beispielsweise für die Bereiche Naturschutz und Landschaftspflege zu kennen, um sich vor allem auch als Jäger korrekt zu verhalten. Nicht maßregeln, sondern Vorbild sein – das ist gutes und weidgerechtes Verhalten.

VERHALTENSREGELN

Jäger haben weder das Recht noch die Pflicht, sich über andere Wald- und Wiesennutzer zu erheben, sie zu maßregeln oder ihnen Vorschriften zu machen. Toleranz ist wichtig, um selbst toleriert zu werden.

Rechtlich geregelt

Aufpasser und Besserwisser stehen auf der Sympathieskala ziemlich weit unten. Mit fundiertem Wissen auf etwas aufmerksam machen schafft dagegen nachhaltiges Verständnis.

Als Einstieg in dieses Kapitel soll eine kleine Geschichte dienen, die sich so an verschiedenen Orten, zu unterschiedlichen Zeiten und mit anderen Protagonisten abgespielt haben könnte:

Eine ganz besonders ungewöhnliche Jagdgeschichte nahm ihren Anfang damit, dass Hans seinem ehemaligen Beruf als Polizeibeamter wohl doch nicht so ganz abschwören konnte, denn er spielte sich im Wald geradezu als Verkehrs- und Umweltpolizist, ja als Natur-Ranger auf. Spaziergänger und Pilzsucher wurden an die Vorschriften der Jagdgesetze, des Waldgesetzes und des Bundesnaturschutzgesetzes erinnert, Jagdnachbarn nach erfolgten Schüssen am Auto abgefangen oder sogar auf schussbereite Waffen bei der Fahrt durchs fremde Revier kontrolliert und gegebenenfalls angezeigt.

Leider wurde dieses Verhalten nicht umgehend und im Keim erstickt, sodass sich die vermeintliche Polizeigewalt immer weiteren Raum des jagdlichen Miteinanders erobern konnte. Doch um den ehemaligen Polizisten wurde es immer einsamer. Nachdem wegen anderer Delikte der Jagdschein perdu war, sollten auch die anderen keine Freude mehr an der Jagd erleben dürfen. Deshalb wurden nach und nach die Hochsitze in Brand gesteckt. Da man ahnte, wer sich da zum Feuerteufel entwickelt hatte, legte man sich auf die Lauer und konnte ihn über- und in Handschellen abführen.

Damit derlei Schicksal dem übereifrigen Aufpasser in Jägergestalt erspart bleibt, sollte man sich folgende rechtliche Situationen verinnerlichen:

Maßvoller Umgang mit Privilegien

Anders als andere Naturnutzer sind die Regeln für Jäger und Jagd nicht nur in Bundes- und Landesgesetzen geregelt, sondern sogar in der deutschen Verfassung, dem Grundgesetz.

So ist in Artikel 74 und 72 GG geregelt:

Art. 74 GG

(1) Die konkurrierende Gesetzgebung erstreckt sich auf folgende Gebiete:

28. das Jagdwesen;
29. den Naturschutz und die Landschaftspflege; ...

Art. 72 GG

(1) Im Bereich der konkurrierenden Gesetzgebung haben die Länder die Befugnis zur Gesetzgebung, solange und soweit der Bund von seiner Gesetzgebungszuständigkeit nicht durch Gesetz Gebrauch gemacht hat.

...

(3) Hat der Bund von seiner Gesetzgebungszuständigkeit Gebrauch gemacht, können die Länder durch Gesetz hiervon abweichende Regelungen treffen über:

1. das Jagdwesen (ohne das Recht der Jagdscheine);

2. den Naturschutz und die Landschaftspflege (ohne die allgemeinen Grundsätze des Naturschutzes, das Recht des Artenschutzes oder des Meeresnaturschutzes);

...

Wenn man also in freier Landschaft auf andere Naturnutzer trifft, so sind dies in der Regel keine Feinde der Jagd, wie militante selbst ernannte Tierrechtler, die nur danach trachten, der Jagd und dem Jäger den Garaus zu machen oder ihn zumindest seiner momentanen Jagdfreuden zu berauben.

Nein, es sind ebenfalls Leute, die Erholung, Bewegung, Spaß und Abenteuer jenseits ihrer eigenen vier Wände suchen. Wenn sie die Jäger und die Jagd stören, dann in der Regel nicht vorsätzlich, sondern aus Unwissenheit oder Unkenntnis der Rechtslage. Diese ist nämlich schon für Juristen nicht alltäglich, sodass sie sie auch als Dunkelnormen bezeichnen.

Um zumindest den Jägern Licht in den Paragrafen-Dschungel zu bringen, seien hier einige Rechtsgrundlagen erwähnt, die in der Debatte um die Nutzung der freien Landschaft zwischen jagenden und nichtjagenden Nutzern kräftige Argumentationsstützen bilden können:

§ 59 Bundesnaturschutzgesetz (BNatSchG) – Betreten der freien Landschaft

(1) Das Betreten der freien Landschaft auf Straßen und Wegen sowie auf ungenutzten Grundflächen zum Zweck der Erholung ist allen gestattet (allgemeiner Grundsatz).

(2) Das Betreten des Waldes richtet sich nach dem Bundeswaldgesetz und den Waldgesetzen der Länder sowie im Übrigen nach dem sonstigen Landesrecht. Es kann insbesondere andere Benutzungsarten ganz oder teilweise dem Betreten gleichstellen sowie das Betreten aus wichtigen Gründen, insbe-

sondere aus solchen des Naturschutzes und der Landschaftspflege, des Feldschutzes und der land- und forstwirtschaftlichen Bewirtschaftung, zum Schutz der Erholungsuchenden, zur Vermeidung erheblicher Schäden oder zur Wahrung anderer schutzwürdiger Interessen des Grundstücksbesitzers einschränken.

§ 58 Landesnaturschutzgesetz (LNatSchG) NRW – Reiten in der freien Landschaft und im Wald
(zu § 59 Absatz 2 Satz 2 des Bundesnaturschutzgesetzes)
(1) Das Reiten in der freien Landschaft ist über den Gemeingebrauch an öffentlichen Verkehrsflächen hinaus zum Zweck der Erholung auf privaten Straßen und Wegen auf eigene Gefahr gestattet.

...

Ebenso Art. 28 Bayerisches Landesnaturschutzgesetz (BayLNatSchG). Etwas anders ist es in Niedersachsen geregelt, dort gilt:

§ 26 Niedersächsisches Waldgesetz (NWaldLG) – Reiten
(1) Das Reiten ist auf gekennzeichneten Reitwegen und auf Fahrwegen (§ 25 Abs. 2 Satz 2) gestattet. Die Gestattung erstreckt sich nicht auf Fahrwege, die durch Beschilderung als Radwege gekennzeichnet sind.

(2) Um die Feststellung der Identität von Reiterinnen und Reitern zu erleichtern, kann die Waldbehörde durch Verordnung bestimmen, dass Personen in der freien Landschaft außerhalb eingefriedeter Grundflächen nur reiten dürfen, wenn die Pferde ein amtliches Kennzeichen tragen.

Für Jägerinnen und Jäger gilt ein besonderes Jägernotwegerecht:

Art. 35 Bayerisches Jagdgesetz (BayJagdG) - Wegerecht
(1) Wer die Jagd ausübt, aber zum Jagdrevier nicht auf einem zum allgemeinen Gebrauch bestimmten Weg oder nur auf einem unzumutbaren Weg gelangen kann, ist zum Betreten fremder Jagdreviere in Jagdausrüstung auch auf einem nicht zum allgemeinen Gebrauch bestimmten Weg (Jägernotweg) befugt, der notfalls durch die Jagdbehörde bestimmt wird. Der Eigentümer des Grundstücks, über das der Jägernotweg führt, kann eine angemessene Entschädigung verlangen, die auf Antrag der Beteiligten durch die Jagdbehörde festgesetzt wird.

(2) Bei Benutzung des Jägernotwegs dürfen Langwaffen nur ungeladen und Hunde nur angeleint mitgeführt werden. Eine wortlautgleiche oder zumindest ähnliche Bestimmung zum Jägernotwegerecht findet sich auch in anderen Landesjagdgesetzen wie z.B. §§ 27, 28 LJG-NRW, §§ 32, 33 Bbg JagdG oder § 2 NJagdG.

Besondere Betretungsrechte gelten auch für Angler im Rahmen der Ausübung des Fischereirechts.

Angler haben grundsätzlich ein Zugangsrecht zum Ufer. Damit ist aber nicht zwangsläufig auch ein Betretungsrecht hinsichtlich der Wege zum Ufer hin verbunden!

§ 10 Niedersächsisches Fischereigesetz (Nds. FischereiG)
(1) Wer befugt ist, in einem Gewässer zu fischen, darf auf eigene Gefahr die Ufer, Zuwege und Inseln sowie die Schiff-

fahrtsanlagen, Brücken, Wehre, Schleusen und sonstigen Wasserbauwerke betreten und die Zuwege befahren, soweit es zur Ausübung des Fischereirechts erforderlich ist. Er ist nicht befugt, Gebäude, zum unmittelbaren Haus-, Wohn- und Hofbereich gehörende Grundstücksteile, künstliche Anlagen zur Fischzucht oder Fischhaltung und gewerbliche Anlagen, ausgenommen Campingplätze, zu betreten. Gesetzliche und behördliche Betretungsverbote bleiben unberührt.

§ 20 Landesfischereigesetz (LFischereiG) NRW – Zugang zu Gewässern

(1) Fischereiausübungsberechtigte und ihre Helfer sind befugt, an das Wasser angrenzende Ufer, Inseln, Anlandungen, Schifffahrtsanlagen sowie Brücken, Wehre, Schleusen und sonstige Wasserbauwerke zum Zwecke der Ausübung

der Fischerei auf eigene Gefahr zu betreten und zu benutzen, soweit öffentlich-rechtliche Vorschriften nicht entgegenstehen. Entstandene Nachteile hat der Fischereiausübungsberechtigte auszugleichen.

§ 41 Niedersächsisches Jagdgesetz (NJagdG) – Ordnungswidrigkeiten

(1) Ordnungswidrig handelt, wer

1. entgegen § 2 Abs. 2 einem Verbot zuwiderhandelnd jagdwirtschaftliche Einrichtungen betritt oder diese entgegen einer Aufforderung nicht verlässt;

2. entgegen § 2 Abs. 3 absichtlich das Aufsuchen, Nachstellen, Fangen oder Erlegen von Wild behindert; …

Ordnungswidrig handelt aber, wer absichtlich die Jagdausübung verhindert oder Wild vergrämt oder trotz Aufforderung jagdwirtschaftliche Einrichtungen nicht verlässt.

Art. 56 Bayerisches Jagdgesetz (BayJagdG) – Ordnungswidrigkeiten

…

(2) Mit Geldbuße kann belegt werden, wer

7. trotz Aufforderung des Berechtigten Jagdeinrichtungen nicht verlässt,

8. trotz Abmahnung durch den Berechtigten die Jagdausübung dadurch vereitelt, dass er, ohne die Land-, Forst- oder Fischereiwirtschaft auszuüben, das Wild vergrämt, …

Das Erlegen wildernder Hunde und streunender Katzen ist regelmäßig im Rahmen des Jagdschutzes nach den landesrechtlichen Vorschriften gestattet, wie etwa in § 40 BbgJagdG, § 25 IV Nr. 2 LJagdG-NRW oder Art. 42 BayJagdG. In § 29 NJagdG.

§ 29 Niedersächsisches Jagdgesetz (NJagdG) – Jagdschutz

(1) Die Jagdschutzberechtigten sind in ihrem Jagdbezirk befugt,

...

2. wildernde Hunde zu töten, die sich nicht innerhalb der Einwirkung einer für sie verantwortlichen Person befinden und nicht als Jagd-, Rettungs-, Hirten-, Blinden-, Polizei- oder sonstige Diensthunde erkennbar sind, und

3. wildernde Hauskatzen, die sich mehr als 300 Meter vom nächsten Wohnhaus entfernt befinden, und verwilderte Frettchen zu töten.

Hunde im Jagdrevier unbeaufsichtigt frei laufen zu lassen oder gegen die Leinenpflicht zu verstoßen ist eine Ordnungswidrigkeit.

§ 55 Landesjagdgesetz (LJG) NRW – Bußgeldvorschriften

(2) Ordnungswidrig handelt ferner, wer vorsätzlich oder fahrlässig

...

8. Hunde oder Katzen, die ihm gehören oder seiner Aufsicht unterstehen, in einem Jagdbezirk unbeaufsichtigt laufen lässt, ...

§ 42 Niedersächsisches Waldgesetz (NWaldG) - Ordnungswidrigkeiten

(3) Ordnungswidrig handelt auch, wer vorsätzlich oder fahrlässig

...

4. entgegen § 33 Abs. 1 Nr. 1 Buchst. b nicht dafür sorgt, dass ein seiner Aufsicht unterstehender Hund in der freien Landschaft in der Zeit vom 1. April bis zum 15. Juli an der Leine geführt wird; ...

Widerrechtlich und mit einer Geldbuße bewährt ist aber auch das Nachstellen und Erlegen von Hunden und Katzen ohne entsprechende Erlaubnis sowie das Nichtausweisen im Rahmen der Ausübung des Jagdschutzes auf Verlangen eines Dritten.

Art. 56 Bayerisches Jagdgesetz (BayJagdG) - Ordnungswidrigkeiten

(1) Mit Geldbuße bis zu 5.000 Euro kann belegt werden, wer

...

11. ohne Begleitung oder schriftliche Erlaubnis des Revierinhabers aufsichtslosen Hunden oder Katzen mit der Schusswaffe nachstellt oder solche erlegt, ...

§ 60 Brandenburgisches Jagdgesetz (BbgJagdG) - Ordnungswidrigkeiten, Bußgeld

(2) Ordnungswidrig handelt, wer

...

7. entgegen § 39 Abs. 5 als Jagdausübungsberechtigter oder Jagdaufseher bei Ausübung des Jagdschutzes sich nicht auf Verlangen ausweist, es sei denn, dass es aus Sicherheitsgründen unzumutbar ist.

(3) Ordnungswidrigkeiten nach den Absätzen 1 und 2 sowie nach § 39 Abs. 1 und 2 des Bundesjagdgesetzes können mit einer Geldbuße bis zu 5.000 Euro geahndet werden.

Jagdgenossen und Jagdgenossenschaft

Fährt man durch Feld und Flur oder durch das zur Gemeindejagd gehörende Dorf, kann jeder, den man trifft, ein Jagdgenosse sein (s. auch § 8 BJagdG). Man könnte meinen, es handelt sich dabei dem Wortstamm entsprechend um Freunde der Jagd. Tatsächlich sind es jedoch Eigentümer von bejagbaren Flächen, die nach dem Bundesjagdgesetz eine Körperschaft des öffentlichen Rechtes bilden, die man Jagdgenossenschaft nennt. Diese Verwaltungseinheit ist Inhaberin des Jagdrechts, weil dies dem einzelnen Grundeigentümer nur dann zusteht, wenn er mindestens 75 ha zusammenhängende wie jagdbare Fläche sein Eigen nennen darf, so § 7 BJagdG. Die Jagdgenossenschaft nutzt das ihr insgesamt zustehende Jagdrecht in der Regel durch Verpachtung an einen oder mehrere Jagdpächter. Die Beschlüsse der Jagdgenossenschaft werden mehrheitlich gefasst; wobei es einer doppelten Mehrheit bedarf, nämlich die der anwesenden Mitglieder und die der durch die Mitglieder repräsentierten Grundfläche. Trifft man also auf einen Jagdgenossen, kann es von seiner Stimme abhängen, ob man als Jagdpächter auch beim nächsten Mal wieder den Zuschlag bekommt, denn Jagdreviere werden in der Regel alle neun oder zwölf Jahre neu verpachtet.

Gesellschaftsjagden – so verhalten Sie sich richtig

Den meisten »alten Hasen« sind die Gepflogenheiten bei Gesellschaftsjagden hinlänglich bekannt, Jungjäger betreten dagegen Neuland. Damit von der Einladung bis zum Streckelegen, von der Zusage bis zum Schüsseltreiben und der Rede als Jagdkönig alles glatt läuft, sind Anstand, Höflichkeit und Weidgerechtigkeit wichtige Voraussetzungen.

Nach fast vier Jahren als Jungjäger wird man zum 1. April des vierten Jahres endlich pachtfähig. Die Zeit des Jagdgastes oder Begehungsscheininhabers ist endlich vorbei, das eigene Revier und die Stellung als Jagdpächter sind nun möglich, und dann dürfen auch Jagdeinladungen ausgesprochen werden.

Die Durchführung und Organisation solcher Gesellschaftsjagden erfordern ein hohes Maß an Zeit, Aufwand und zuweilen auch Geld. Um die Wertigkeit der Jagd noch zu unterstreichen, aber auch aus organisatorischen Gründen lohnt es sich, ansprechende Einladungen zu versenden. Die Einladung per Telefon lässt die Teilnehmer zwar wieder ins Gespräch kommen, zu einem verlässlichen Ergebnis hinsichtlich der Zu- oder Absage der Einladung kommt es jedoch meistens nicht, da zunächst die eigene Terminlage und die der Familie abgeklärt werden muss.

VERHALTENSREGELN

Treibjagd, Drückjagd und Stöberjagd – bei diesen drei Jagdarten müssen je nach Landesjagdgesetz mindestens 3–4 Personen teilnehmen, damit sie als Gesellschaftsjagden gelten.

Verlässlichkeit ist ein hohes Gut

Verlässlichkeit, auf die kommt es bei der Jagd an, und das gilt auch, wenn man eine Jagdeinladung bekommt, denn der Jagdherr hat nur eine bestimmte Anzahl an Plätzen beziehungsweise Drückjagdsitzen, die er besetzen kann. Kommt es dann zu kurzfristigen Absagen oder gar zum Nichterscheinen einzelner Gäste, ist dies in der Regel so ärgerlich, dass man nicht nur bei diesem Jagdherrn wohl auf künftige Einladungen verzichten muss. Es spricht sich nämlich schnell herum, da der Einladende seinem Unmut darüber in der Regel Luft macht und damit den Nichterschienenen in den überschaubaren Jägerkreisen nachhaltig diskreditiert.

Viel zu tun

Für den Jagdgast ist die Zu- oder gegebenenfalls auch Absage eine überschaubare und leicht zu erledigende Arbeit, viel größer ist dagegen die Aufgabe des Jagdherrn: tagelang prüfen, wo das Wild wechselt, wo also damit zu rechnen ist, dass das Wild dem Jäger schussgerecht vorüberzieht. Diese Stellen sind dann bei Drückjagden, also Treibjagden auf Schalenwild wie Wildschweine, Rot-, Dam- und Rehwild auch mit entsprechenden Drückjagdböcken, also kleinen transportablen Hochsitzen, zu bestücken. Anschließend werden sogenannte Schussschneisen, also freies Schussfeld im Wald, freigeschnitten. Außerdem muss der Jagdherr für Treiber, Hundeführer, Jagdhornbläser, Erlegerbrüche und vieles mehr sorgen. Zunächst muss aber die Einladung an die Jagdgäste verfasst und verschickt werden.

VERHALTENSREGELN

Wenn eine Jagdeinladung eintrifft, sollten Sie immer im angegebenen Zeitraum, also rechtzeitig und verbindlich ab- beziehungsweise zusagen.

Einladung zur Drück-/ Treib-/Stöberjagd

Liebe/r (...),

hiermit lade ich Dich zur Drück-/Treib-/Stöberjagd in mein Revier

(...) am (...)

ein.

Bejagt wird Rotwild/Damwild/Schwarzwild/Rehwild.

Am Tag der Jagd hat jeder Schütze eine Signalweste sowie ein Hutband zu tragen. Bitte führe auch einen gültigen Jagdschein mit Dir.
Die Bläser bringen bitte ihr Jagdhorn mit.

Treffpunkt ist (...) um (...) Uhr.

Das Schüsseltreiben ist für (...) Uhr im (...) geplant.

Ich freue mich auf Dich/Euch!

Weidmannsheil!

Das Buffet ist eröffnet

Die Einladung zu einer Drückjagd ist durchaus vergleichbar mit der Einladung zu einem Essen mit Buffet. Auch da gibt es manchmal Gäste, die ihren Hals nicht vollbekommen können.

So wie bei der Einladung zu einem gesellschaftlichen Event wie einem Essen, bei dem der Charakter des Gastes an der Höhe der Tellerladung gemessen werden kann, verhält es sich bei einer Gesellschaftsjagd. Hier ist genau und zwischen den Zeilen abzulesen, wozu eingeladen worden ist. Nicht derjenige ist der beste Jäger, der die meisten Stücke auf die Seite gelegt hat. Vielmehr kommt es darauf an, was im Sinne der Weidgerechtigkeit von den Teilnehmern der Jagd gefordert ist. Geht es darum, eine Überpopulation von Wildschweinen in den Griff zu bekommen, um die Zahl der Überträger der Afrikanischen Schweinepest zu reduzieren? Oder geht es darum, den Abschussplan an Rehwild zu erfüllen, damit der Wald durch Naturverjüngung und ohne Gatter und Zäune wachsen kann? In jedem Fall sollte sich der Gast durch kluge Fragen informieren, was das Ziel der Jagd - natürlich neben dem geselligen Beisammensein - sein soll.

Geht es darum, möglichst viel Wild zu erlegen, wird dies in der Regel vor der Jagd angesagt. Dann ist es auch keine

Schande, so viele Stücke zu bekommen, wie man weidgerecht erlegen kann. Eine Sünde ist es hingegen, Wild zu beschießen, wenn man nicht 100-prozentig sicher ist, worauf man schießt und dass man es trifft. Fehler können natürlich passieren, schließlich sind sie menschlich. Sie dürfen nur nicht stets von demselben Menschen gemacht werden. Dann geht man nämlich davon aus, dass es kein Fehler, sondern übertriebener Jagdtrieb oder Schusshitze ist. Um sicherzugehen und nicht anzuecken, schießt man am besten das, was man mit einem wirklich guten Schuss an freigegebenem Wild sauber erlegen kann, ansonsten lässt man den Finger gerade.

In keinem Fall sollte man mehr als eine Nachsuche produzieren. Der Anschuss ist dabei sauber zu markieren und bei der Nachsuche ist der Schütze natürlich bis zum Schluss dabei; schließlich muss er sein eigenes Stück selbst aus der Dickung ziehen und selbst aufbrechen. Das Schüsseltreiben mit Essen und Trinken kann warten, das zu versorgende Stück Wild hingegen nicht.

VERHALTENSREGELN

Die Gesellschaftsjagd sollte nicht zur »heißen Schlacht am kalten Buffet« werden, wie man so schön sagt. Diese Formulierung ist all jenen zugedacht, die nicht genug bekommen von dem, was ihnen präsentiert wird, die ihren Appetit völlig zügellos stillen, wenn der Hunger längst vergangen ist. Wenn ein Jagdgast also seinem Jagdtrieb freien Lauf lässt, ohne über die Konsequenzen nachzudenken, dann ist das nicht weidgerecht.

Hunde gehen vor

Wie es bei der Kavallerie schon hieß: »Erst das Ross und dann der Reiter!«, müssen erst die Hunde versorgt, das Wild nachgesucht und aufgebrochen werden, bevor der Jäger mit sauberen Händen an den reich gedeckten Tisch tritt.

Ansprache vor der Jagd

Vor der Jagd werden die Gäste begrüßt, wichtige Verhaltensregeln genannt und das freigegebene Wild aufgezählt.

Liebe Jagdfreunde,
ich heiße euch herzlich willkommen zu unserer heutigen Drückjagd, auch im Namen meiner Mitjäger! Herzlichen Dank an dieser Stelle für jede Hilfe und Unterstützung im Vorfeld.

Wir teilen uns in insgesamt vier Gruppen auf: die Treiberwehr, zwei Schützengruppen und eine mobile Truppe. Die jeweils Leitenden der Gruppen werden später zusammen mit den Schützen die Stücke einsammeln. Sollte es im Zuge der Jagd zu Schwierigkeiten kommen, gleich welcher Art, ruft mich bitte sofort an! Ich werde heute durchgehend mobil erreichbar sein. Die einzelnen Treiben blase ich an und ab.

Wir geben frei: ... (freigegebenes Wild benennen)

Ich möchte auch auf die Sicherheitsvorkehrungen zu sprechen kommen. Ich glaube, nicht allen sind noch die »Unfallverhütungsvorschriften Jagd« bekannt. Hierbei handelt es sich um Grundsätze, entwickelt von der gesetzlichen Unfallversicherung. Paragraf 4 dieser Grundsätze enthält die besonderen Voraussetzungen für die Durchführung von Gesellschaftsjagden.

Diese Bestimmungen enthalten eine missliche Formulierung, denn es heißt dort: »Verändert oder verlässt ein Schütze mit Zustimmung des Jagdleiters seinen Stand, so hat er sich vorher mit seinen Nachbarn zu verständigen.« Das kann, vor allem wenn man keine vernünftige Handyabdeckung hat, unglaublich lange dauern. Aber wenn ein Stück angeschossen worden ist und es liegt vor euch und leidet, dann muss dieses Stück erlöst werden. Es müssen alle Möglichkeiten ausgeschöpft werden, also eben nicht nur das Telefon, sondern auch per Zuruf; denn wir wollen den Tierschutz großschreiben. Ihr müsst euch aber bitte so abstimmen, dass die Sicherheit der einzelnen Schützen trotzdem gegeben ist. Sicherheit und Tierschutz sind übereinanderzubringen.

Damit komme ich zu der wohl wichtigsten Vorschrift: Es wird nicht ins Treiben geschossen! Wenn sich Personen in gefahrbringender Nähe befinden, dann darf in diese Richtung weder angeschlagen noch geschossen werden. Anschlag heißt hier, die Waffe in Anschlag nehmen. Passt bitte auf! Zuletzt die absolute Disziplin beim Angehen: Schön leise sein! Das Wild merkt sofort, wenn etwas anders ist als sonst. Es wird nicht mehr laut gesprochen, es werden keine metallenen Geräusche mehr gemacht. Die Hunde kommen erst ins Spiel, wenn alle Schützen sitzen, damit das Wild nicht woanders hingeht, sondern wir die Möglichkeit haben, es zu bejagen.

Das Vorliegen der Jagdscheine haben wir bereits geprüft. Jetzt darf ich die Leitenden der Gruppen bitten, ihre Gruppen zu übernehmen, und wünsche allen ein kräftiges Weidmannsheil.

Nach der Jagd

Schöne Rituale: Strecke legen, Strecke verblasen, Brüche für Schützen und Wild.

Kopfbedeckungen - und deren Schmuck - von Jägerinnen und Jägern sind so vielfältig wie der Kopfschmuck der Besucherinnen beim Pferderennen im englischen Ascot. Bei Jagenden gibt es Mütze oder Hut, Abzeichen oder Federn, abgetragen oder frisch aus der Hutschachtel. Doch eines haben die Kopfbedeckungen gemeinsam: den schmückenden, schweißbefleckten Bruch nach erfolgreicher Jagd. Obgleich es nirgends normiert ist, verwendet man in der Regel nur abgebrochene (daher Bruch) Zweige der Nadelbäume Fichte, Kiefer oder Tanne sowie der Laubbäume Eiche oder Erle. Wer Kritik von besonders Traditionsbewussten oder Besserwissern vermeiden möchte, nimmt keine Brüche anderer Baumarten, sondern nimmt einen weiteren Weg auf sich, bevor er einen Bruch von der nebenan stehenden Buche oder gar Gewächse aus dem heimischen Garten abpflückt.

Die übrigen Brüche, die in Zeiten vor Smartphone und 5G an jeder Milchkanne als Kommunikationsmittel galten, haben heute weitestgehend an praktischer Relevanz verloren.

— **Der Erlegerbruch** (ein Wort mit drei »R«) wird RECHTS an Hut oder Mütze befestigt, moderne Jagd-Caps verfügen dazu

sogar über passende Schlaufen. Nur zur Trauerfeier und Beerdigung von Jägern wird der Bruch, der dann Trauerbruch genannt wird, auf der linken Seite getragen.

- **Der Letzte Bissen** Ein feierlicher, das erlegte Wild ehrender Brauch ist auch der »Letzte Bissen«, der in den Äser als »Wegzehrung auf dem Weg über die Regenbogenbrücke« gelegt wird.
- **Der Inbesitznahme-Bruch** hat auch etwas von einem Leichentuch, das auf die linke Seite des Wildkörpers gelegt wird. Wie bei einem Gender-Symbol zeigt die abgebrochene Seite des Bruchs bei männlichen Stücke nach oben, also zum Haupt, bei weiblichen nach unten.

JAGDWISSEN

Dass die Wildtiere bis heute auf die rechte Körperseite gelegt werden, ist ein alter Brauch. In früheren Zeiten war nämlich die rechte auch die gute Seite. Von dieser Seite konnten daher keine Erddämonen in das Wild eindringen.

Strecke legen

Das Streckelegen nach einer Jagd ist ein guter, alter und traditionsreicher Brauch unter den Jagenden, auch viel Weid-

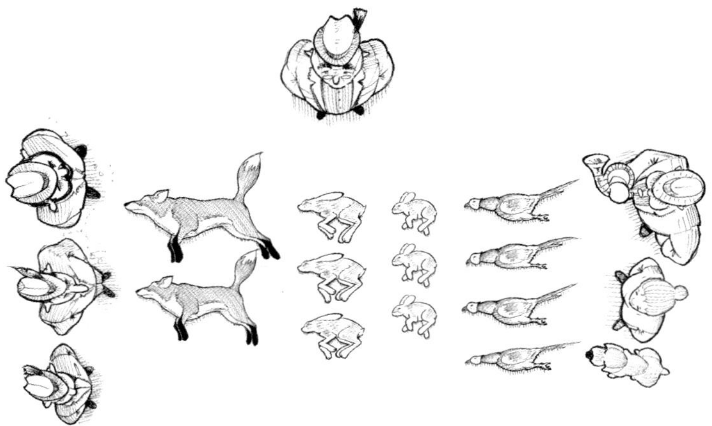

gerechtigkeit fließt hier mit ein. Es geht nämlich vor allem um Achtung und Respekt vor der Natur und der Kreatur.

VERHALTENSREGELN

Es ist verpönt, über die Strecke oder ein erlegtes Tier zu steigen.

So alt diese Rituale sind, so streng sind auch die Regeln, wo und wie das Wild gelegt wird, wo die Jäger stehen: Zunächst wird das erlegte Wild vom größten bis zum kleinsten in Zehnerblöcken nach Art, Geschlecht und Alter angeordnet und auf die rechte Körperseite gelegt. Jedem Stück Wild wird ein Bruch in den Äser bzw. ins Gebrech gelegt, der mit dem Blut des Tieres benetzt ist.

Um die Strecke herum versammeln sich der oder die Jagdleiter und die Schützen, die häupterwärts stehen, die Treiber und die Jagdhornbläser. Für jede Wildart wird das ihr eigene Totsignal verblasen.

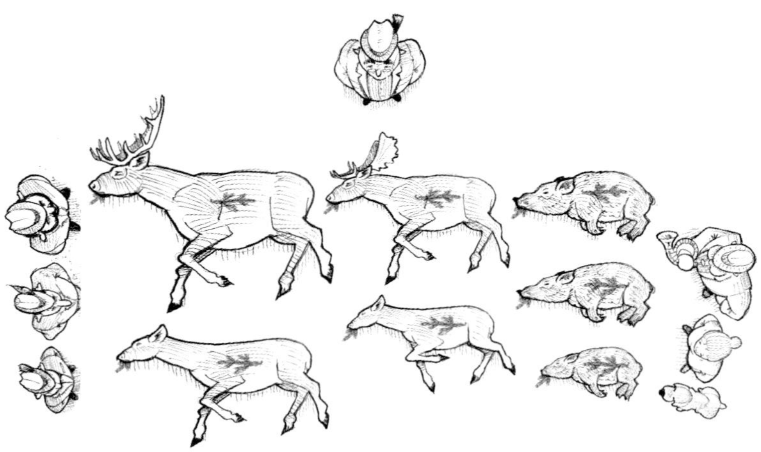

Eine guter und wohlklingender Brauch: Verblasen

Da zunehmend nur noch für die Jägerprüfung gelernt wird und dies auch für die Jagdsignale gilt, besteht wenig Kenntnis über die sonstigen, insbesondere über die Totsignale. Dabei ist es nicht nur gute Tradition, sondern auch stimmungsvolle Untermalung des Streckelegens als Höhepunkt eines ereignisreichen Jagdtages. Auch wenn man als Nicht-Jagdhornbläser nicht alle Signale kennen muss, sollte man doch wissen, wo man sich am Streckenplatz zu platzieren hat und bei welchem Signal aktives Tun von jedem Jäger am Streckenplatz gefordert ist.

VERHALTENSREGELN

Wer sich als Jungjäger anbietet, die Strecke zu verblasen, kann sich sicher sein, auch zur nächsten Jagd eingeladen zu werden, denn die Anzahl der Bläser steigt nicht im selben Maße wie die der Jäger. Letztere sind jedoch froh, wenn es Erstere gibt. Schließlich gehört Hörnerklang einfach dazu. Und wer will das nicht?

Benutzt man heute digitale Messenger-Dienste, so haben sich Jäger noch vor ein paar Jahren über Jagdsignale verständigt, um festzustellen, wann was losgeht oder beendet wird. Für den Fall, dass die Akkus leer sind oder man im Funkloch steckt, sind diese Signale auch heute noch en vogue. Die sogenannten Jagdleitsignale müssen deshalb von den Jagdschülern beherrscht werden, wenn sie die Jägerprüfung bestehen wollen.

Doch wie in den meisten Lebensbereichen kann es nicht nur Empfänger solcher Klänge geben, man braucht auch die Entsender der Melodien. Um jagdlicher Entsender zu werden, sollte man lernen, wie man dem Jagdhorn die altbekannten Töne entlockt. Da gilt es nicht nur, die Jagdleitsignale zu kennen und zu spielen, sondern auch die sogenannten Tot-

signale, nämlich diejenigen, die zur Würdigung des Wildes gespielt werden; dessen Leben man genommen hat. Sowohl die (Kreis-) Jägerschaften als auch viele private Jagdschulen bieten Kurse dafür an. Zur Not geht es auch im Individualunterricht; denn ein Ventiljagdhorn spielt sich genauso wie eine Trompete und ist genauso gestimmt. Neben den handlichen Fürst-Pless-Hörnern bringen die Parforce-Hörner, die auch bei Reitern bestaunt werden können, mit ihrem satten Klag besondere Stimmung in jagdliche Veranstaltungen.

Die Totsignale

Hirsch tot

»Hirsch tot! Den edlen Hirsch im tiefen Tann nach hoher, herrlicher Pürsch ich mir gewann. Halali!«

Damwild tot

»Den Schaufler traf ich gut, sein Wedel, der wackelt und zackelt nicht mehr. Der schweißige Bruch schmückt den Hut. Halali.«

Sau tot

»Gestern abend schoss ich auf ein grobes Schwein, gestern abend schoss ich auf'ne Sau. Gestern Abend traf den Keiler, ich allein, gestern Abend zielt' ich ganz genau. Halali!«

Reh tot

»Bock ist tot, Bock ist tot! Einen Bock, den schieß ich gern, sechs Enden trägt sein Gehörn. Halali!«

Flugwild tot

»Das Flugwild schnell streicht, der Schrotschuss erreicht Fasanen und Enten nicht leicht. Das Flugwild schnell streicht, der Schrotschuss erreicht Fasanen und Enten nicht leicht. Halali!«

Fuchs tot

»Füchslein rot, bist jetzt tot. Frech und keck; liegst du heute auf der Streck'. Alle List zwecklos ist, bist nun doch ins Garn gegangen. Der Fuchs ist tot. Halali!«

Hase tot

»Der Has' ist tot, ist mausetot. Er hat den ganzen Balg voll Schrot. Der Has' ist tot. Der Has' ist tot.«

Kaninchen tot

»Der flinke Rammler kreuz und quer, lief er mir grade ins Gewehr. Schon stand er kopf, schon stand er kopf.«

Jagd vorbei – Halali

»Jagd aus, die Jagd aus! Das Jagen ist zu Ende! Halali.«

Ansprache am Streckenplatz

Am Ende der Jagd wird die Strecke bekannt gegeben und verblasen und zum Schüsseltreiben eingeladen.

Liebe Jagdfreunde,

die heutige Jagd konnte ohne Zwischenfälle zu Ende gebracht werden, das ist sehr gut und ich möchte mich deshalb für eure Disziplin bedanken. Mein Dank geht aber auch besonders an die engagierten Treiber und die Hundeführer mit ihren hervorragenden Hunden. Sie alle haben uns diese ansehnliche Strecke ermöglicht.

Es wurden erlegt: ...
(Zahl des erlegten Wildes in folgender Reihenfolge benennen:

Hochwild: Rotwild, Damwild, Schwarzwild
Niederwild: Rehwild, Füchse, Hasen, Kaninchen und Fasane)

Wer möchte, kann Wildbret übernehmen, und zwar wie immer zu einem angemessenen Preis von 3,50 € pro Kilogramm.

(Der Jäger sollte zumindest ein Gutteil der von ihm erlegten Strecke käuflich erwerben, wenn der Jagdherr die Stücke ansonsten nicht selbst vermarkten kann. Das Angebot zur Übernahme der Strecke sollte gegen einen angemessenen Preis gemacht werden. Angemessen sind nicht die Preise des Wildhandels, sondern die, die im Privatverkauf erzielt werden könnten (2,50 €–5 € je Kilo).

Ich vergebe nun die Erlegerbrüche. Heute hat Sabine Freudich ihr erstes Stück erlegt. Hans Imglück konnte sauber drei Frischlinge und ein Schmalreh erlegen.

Wo Lob ist, bleibt auch Tadel nicht aus, und so muss ich mich leider an einige Schützen wenden, die sich nicht an die sicherheitsrelevanten Vorschriften gehalten haben. Ich möchte euch bitten, diese bei der nächsten Jagd zum Wohle aller unbedingt einzuhalten.

Mein nächster und letzter Dank geht an die Bläser, die ich jetzt bitten möchte, die Strecke zu verblasen.

Anschließend freue ich mich darauf, euch beim Schüsseltreiben begrüßen zu dürfen.

Das Schüsseltreiben

Getrieben wird nicht nur während einer Treibjagd, sondern auch am Abend: Das Schüsseltreiben gehört zu den stimmungsvollsten gesellschaftlichen Ereignissen überhaupt.

Den gesellschaftlichen Höhepunkt nach der Jagd bildet dann das letzte Treiben, nämlich das Schüsseltreiben. Alle Teilnehmer der Jagd kommen zusammen, lassen das gemeinsam Erlebte Revue passieren und tauschen sich über die Erlebnisse, das Wildvorkommen und die anderen Jagdgäste oder die fehlenden Teilnehmer aus und singen gerne auch das eine oder andere Jagdlied.

Wer beim Schüsseltreiben fehlt, ist also ein gutes Gesprächsthema und zeigt, dass ihm an der Gesellschaft der anderen Jäger eigentlich nichts gelegen ist. Wer als junger Jäger also zu einer Drückjagd eingeladen ist, sollte unbedingt auch am Schüsseltreiben teilnehmen. Die Kontakte, Erfahrungsberichte und die Geselligkeit mitzubekommen schadet nur dem, der beim Schüsseltreiben eben nicht dabei ist.

Des Jägers Lied

Es lebe, was auf Erden stolziert in grüner Tracht:
Die Wälder und die Felder, die Jäger und die Jagd.

Wie lustig ist's im Grünen, wenn's helle Jagdhorn schallt, wenn Hirsch und Rehe springen, wenn's blitzt und dampft und knallt.

Im Walde bin ich König, der Wald ist Gottes Haus,
da weht ein starker Odem lebendig ein und aus.

(Wilhelm Müller, 1822)

Rede des Jagdherrn

Es ist gute alte Sitte, dass der Jagdherr auch beim Schüsseltreiben eine Rede hält, sich bedankt für alle Hilfe und den Jagdkönig beziehungsweise die Jagdkönigin kürt. So sollte die Rede aufgebaut sein:

Liebe Jagdfreunde, Hundeführer und Treiber!
Hinter uns liegt ein spannender Jagdtag, der allen wunderbare Anblicke und vielen sogar Strecke ermöglicht hat.

Ich möchte mich – wie schon am Streckenplatz – nochmals bei allen für die weidgerechte Jagd bedanken und ganz besonders für den vollen Einsatz der Hundeführer und Treiber, aber auch bei all denjenigen, deren Arbeit nicht auf den ersten Blick ins Auge fällt, ohne die aber die heutige Jagd nicht so erfolgreich gewesen wäre:

Unsere Jagdhelfer (gegebenenfalls namentliche Nennung), die die Ansitzböcke aufgestellt und Schussschneisen frei geschnitten haben, die bürokratischen Herausforderungen wie Einladungen, Anwesenheitsliste, Jagdscheinkontrolle bereitwillig übernommen haben.

Und ganz besonders bedanken möchte ich mich bei meiner lieben Frau (meinem lieben Mann), die mir bei der gesamten Organisation des heutigen Tages nicht nur zur Seite gestanden, sondern mir dafür auch den Rücken frei gehalten hat.

Nach alter Väter Sitte wollen wir heute auch einen Jagdkönig proklamieren.

Hans Imglück war heute besonders erfolgreich und konnte drei Frischlinge und ein Schmalreh sauber erlegen.

Ich möchte daher alle auf die Läufe bitten, um für unseren Jagdkönig ein dreifaches, ganz kräftiges Horrido auszubringen.

Sobald alle stehen:

Auf unseren Jagdkönig ein dreifaches Horrido!
(Alle antworten: Jo Ho)
Horrido!
(Alle antworten: Jo Ho)
Horrido!
(alle antworten: Jo Ho)

Sodann wird getrunken, wobei das Glas mit der linken Hand erhoben wird. Die Versammlung setzt sich, der Jagdherr bleibt stehen und sagt:

Ich bitte nun die Bläser, zum Essen zu blasen.

Es folgt dann das Signal zum Essen (Kommt all' herbei, kommt all' herbei: Jäger, Treiber! Essen gibt's jetzt).

Rede des Jagdkönigs

Jagdkönig zu werden ist etwas ganz Besonderes. Beim Schüsseltreiben - dem letzten Treiben - hat der Jagdkönig dann auch die Aufgabe, eine angemessene Rede zu halten. Und so sollte sie aufgebaut sein:

Lieber (Name des Jagdherrn/der Jagdherrin), liebe Jagdfreunde!

Der heutige Jagdtag mit seiner respektablen Strecke von ... (Anzahl der Stücke) ist für mich und sicher auch viele weitere Jägerinnen und Jäger ein Höhepunkt des Jagdjahres. So einen Tag zu gestalten bedeutet Sorgfalt, Einsatz und Disziplin.

Sorgfalt bei der Vorbereitung der Stände, der Einladungsliste, der Kontrolle der Jagdscheine und aller Formalitäten; Einsatz der Hundeführer und Treiber, der Jagdhelfer beim Bergen, Aufbrechen und Versorgen des Wildes, der Bläser beim Üben und Verblasen der Strecke sowie der musikalischen Untermalung dieses Abends. Diszipliniert waren alle Jägerinnen und Jäger bei der Abgabe der Schüsse, ein Verhältnis von 1 zu 2 von Treffern zu Schüssen ist beispielhaft.

Aber ich möchte auch den Partnerinnen und Partnern unser Jäger danken, die stets Verständnis für unsere Passion haben. Stellvertretend für alle möchte ich hier (Partner/in des Jagdherrn/der Jagdherrin) nennen. Herzlichen Dank für deine Unterstützung und die heutige Einladung, liebe/r (Name des/r Partner/in des Jagdherrn/der Jagdherrin).

Ich konnte heute (persönliche Strecke) erlegen. Herzlichen Dank dafür!

Unserem Jagdherrn wollen wir für diesen schönen Jagdtag mit einem dreifachen Horrido danken. Dazu bitte ich alle auf die Läufe.

Glas in die linke Hand nehmen.

Auf unseren Jagdherrn ein dreifaches:
Horrido! (Versammlung: Jo Ho!)
Horrido! (Versammlung: Jo Ho!)
Horrido! (Versammlung: Jo Ho!)

Trinken, Blick in die Runde und zuprosten mit Jagdherrn, dann setzen.

Auf Jagdreisen gehen

Über den Tellerrand hinausschauen und in anderen Ländern jagen, das ist ein ganz besonderes Erlebnis. Damit es ein gutes Erlebnis und kein Albtraum wird, muss der Jagdgast so einiges beachten.

Wenn einer eine Reise tut, dann kann er was erzählen - und als Jäger eine imposante Trophäe mit nach Hause bringen.

Die Möglichkeiten, die jagdliche Welt zu entdecken, erscheint schier grenzenlos, wenn man Jagdreisekataloge wälzt oder auf einer Messe ganze Hallen voller Jagdanbieter mit exotischen und imposanten Trophäen und jagdlichen Filmen auf riesigen Bildschirmen in Endlosschleife bestaunen kann. Ob Schweden, England, Ungarn, Kasachstan, Australien oder Kanada - beinahe überall auf der Welt gibt es Möglichkeiten, entgeltlich zu jagen. Da packt einen nicht nur die Sehnsucht nach fremden Ländern, einsamen weiten Landschaften und anderen Kulturen, sondern auch der Drang nach Freiheit und Abenteuer. Für Geld scheint da nahezu alles möglich zu sein; doch derlei Abenteuer kann man nicht alleine bestehen, und Freunde - seien sie es auch nur für kurze Zeit - kann man sich eben nicht kaufen.

VERHALTENSREGELN

Nicht überall auf der Welt wird das enge Korsett mitteleuropäischer Normen angelegt, was nicht bedeutet, dass es woanders keine Regeln gibt.
Da heißt es Empathie und Wertschätzung dem Gastland und dem Jagdführer gegenüber zeigen und weidgerecht handeln.

Es gilt also hier wie überall auf der Welt, sich den landestypischen Gepflogenheiten anzupassen und den Gastgebern und Jagdführern mit Respekt zu begegnen. Und auch wenn Weidgerechtigkeit nicht in jedem Land oberste Priorität hat, so sollten deutsche Jägerinnen und Jäger sie doch immer beherzigen.

Der historische Fußabdruck

Nicht erst seit ein paar Jahren reisen Menschen in ferne Länder wie Namibia – ein besonders beliebtes Ziel jagdbegeisterter Deutscher. Schon viel früher begann die Kolonialisierung und brachte Leid über die Bevölkerung. Das gilt es, bei einer Jagdreise immer zu bedenken.

Ob es nun in europäische Länder oder weit hinaus in die Welt geht, etwas über das Land, seine Menschen und das Brauchtum zu wissen ist immer sehr nützlich. Bei einer Jagdreise nach Afrika ist besondere Sensibilität erforderlich. Ob man nach Namibia reist, der ehemaligen Kolonie Deutsch-Südwestafrika, oder nach Tansania, ehemals Deutsch-Ostafrika, unsere Landsleute haben dort nicht nur einen Fußabdruck hinterlassen. Man denke nur an den Völkermord an den Herero und Nama in Deutsch-Südwestafrika zwischen 1904 und 1908. Es ist erstaunlich und bewundernswert, dass uns die Menschen dort dennoch mit Freundlichkeit begegnen.

»Wer einmal Afrikas Wasser getrunken hat, kommt davon nicht mehr los!«, sagen erfahrene Auslandsjäger. Und wer die Weite des Landes,

VERHALTENSREGELN

Auch wenn man als Gast mitunter noch eine zweite Chance für den ersten Eindruck bekommt, so steht es den Jägern gut an, sich nun erst recht wie Gäste zu benehmen, nämlich höflich und bescheiden, um auch kommenden Jägergenerationen die Türen dieser gastfreundlichen Jagdanbieter offen zu halten.

die Fertigkeiten der einheimischen Jagdführer und das faszinierende Wild erlebt hat, kann das blind unterschreiben.

Als deutsche Jagdtouristen sollten wir uns dessen immer bewusst sein, wenn wir das Land bereisen. Nachfahren von Opfern sind häufig heute die Jagdführer und Helfer, ohne die eine erfolgreiche Jagd nicht möglich wäre.

Jagdtourismus als Wirtschaftsfaktor

Der Jagdtourismus ist in Afrika einer der wichtigsten Wirtschaftsbereiche und hilft, die Bevölkerung zu ernähren und den Bestand auch nicht zu bejagender Wildarten zu erhalten. Das Wild und dessen Fleisch, das Wildbret, werden dort wertgeschätzt, verarbeitet und ganz selbstverständlich verzehrt. Man weiß, dass Fleisch nicht aus dem Kühlregal im Tausch gegen ein bisschen Papier genommen werden kann. Und so wird sich auch verhalten. Wir nennen es hier weidgerecht.

Das macht man nicht!

Auch wenn es anderswo rauer zugeht, so muss die Weidgerechtigkeit immer an oberster Stelle beim Jagen stehen. Gatterwild zu erlegen ist wenig weidgerecht.

In anderen Ländern zu jagen ist ein Abenteuer, große Dankbarkeit überkommt jeden Jäger, wenn er auf seiner Reise ein Stück erlegen durfte. So zumindest sollte es sein, leider geht es nur allzu oft ums Prestige, um Angeberei und Geldmacherei. Es gibt einige Beispiele, von denen man unbedingt die »Hände lassen sollte«.

Macnab Challenge – Spiel ums Leben der Tiere

Der später geadelte schottische Spitzenbeamte und Schriftsteller John Buchan veröffentlichte 1925, als viele europäische Länder noch Kolonien unterhielten, den Abenteuerroman »John Macnab«. Nach dieser Romanfigur wurde ein Wettkampf benannt, in dem derjenige Sieger wird, der es am schnellsten schafft, je ein Stück Schalen- und Flugwild zu erlegen sowie einen Fisch zu fangen. Solche sogenannten Challenges werden im englischsprachigen Raum auf der ganzen Welt von Schottland bis Südafrika ausgelobt. Mit dem unbestimmten Rechtsbegriff der Weidgerechtigkeit und Jagd als vernünftigem Grund, ein Tier zu erlegen, hat das nichts gemein, denn die Tiertötung ist nur Mittel zum Zweck, um einen Sieger zu ernennen. Wer zu solch zweifelhaftem Ruhm gekommen ist, sollte es im Anwendungsbereich der Weidgerechtigkeit besser verschweigen oder es am besten gleich lassen.

Gatterjagd – tausend und ein Wildschwein vor die Büchse

In englischer Sprache abgefasst, aber auch mit deutschen Protagonisten werden in Filmen Jagdszenen gezeigt, die der schießfreudige Jungjäger gerne selbst einmal erleben möchte und die nach allzu häufigem Konsum zum Maßstab des Jagderfolgs erhoben werden könnten. Mit der natürlichen Jagd hat das aber weder in Mitteleuropa noch auf einem anderen Fleckchen Erde zu tun, denn die wenig wilden Wildschweine werden eigens gezüchtet und gehalten, um im Herbst als lebende Zielscheiben durch die eingezäunten Jagdgebiete zu laufen. Mit Treibern und Hunden wird darauf geachtet, dass die Stücke den Jägern, besser gesagt Schützen – denn mit Jagd hat das nichts zu tun –, vor die Büchse getrieben werden. So können an einem Tag mehr als zehn Sauen pro Schütze erlegt und von den Betreibern abgerechnet werden.

Flugwild – aus der Voliere vor die Flinte

Was wir Jäger als Dienst am Naturschutz leisten, wird anderswo zur Massentierhaltung mit anschließendem Massentöten. Die Aufzucht und Haltung von Wildhühnern und -enten wird anderenorts genutzt, um massenhaft Tiere vor die Flinten zahlender Schützen zu treiben, ja zum Teil sogar mangels eigener Flugfähigkeit zu werfen. Abgerechnet wird nach Strecke. Nach hiesigem Recht ist das verboten.

Gemeinsam statt einsam

Joachim war erst mit Ende 50 zum Jungjäger aufgestiegen, nachdem er aus dem Berufsleben ausgestiegen war. Die üppige Abfindung aus dem Arbeitsverhältnis bei einem DAX-Konzern verschaffte ihm reichlich wirtschaftlichen Spielraum. So nahm er die Möglichkeiten in der Heimat gerne an, sich kostenlos auf Reh- und Schwarzwild anzusetzen, sah es jedoch nicht ein, sich wie andere Jungjäger einzuschränken. Während diese nämlich jahrelang warten und sich nächtelang ansetzen müssen, um überhaupt mal einen Rothirsch ins Absehen ihres Zielfernrohres zu bekommen, buchte Joachim kurzerhand eine jagdliche Individualreise nach Ungarn und kam schon nach fünf Tagen mit zwei 1-A-Hirschen aus dem ungarischen Gatterrevier zurück.

Offenbar war ihm klar, dass diese ungezügelte Befriedigung des Jagdtriebs bei den anderen Jägern im Revier auf Unverständnis stoßen würde, sodass er erst einige Wochen nach dem Erlebten, als das Mitteilungsbedürfnis überhandgenommen hatte, von seinen jagdlichen Abenteuern berichtete. Nicht aber, wie man es aus Jägerkreisen kennt, dass zum zünftigen Tottrinken im Fackelschein bei Hörnerklang eingeladen wurde, nein, es kamen Whats App-Fotos mit den Häuptern der erlegten Hirsche. Wie wenig Achtung kann man dem Mitgeschöpf in Gestalt des Wildes und in Gestalt des Mitjägers schenken, wenn mit Geld gestilltes Bedürfnis zum Maßstab jagdlichen Handelns wird? Gemeinsame und damit teilbare Jagd erst macht sie zum Erlebnis, an das man sich gerne gemeinsam erinnert. Da Joachim diese Gemeinsamkeit offenbar nicht schätzte, entschlossen sich die anderen Jäger, ohne ihn in der Heimat zu jagen. Seither ist er auf der Suche nach jagdlichem Anschluss. Bisher ohne Erfolg.

Gute Vorbereitungen

Eine erfolgreiche Jagdreise beginnt schon zu Hause bei den Vorbereitungen. Die richtige Kleidung, Schießfertigkeit und Fitness können so manche Schlappe verhindern, ebenso wie Grundwissen über das zu bejagende Wild.

Wer viel im Revier unterwegs ist und auch sonst gut zu Fuß hat gute Karten auf einer Jagdreise, bei der man mitunter ziemlich weite Strecken zurücklegen muss. Es schadet dennoch nichts, sich ein paar Tage oder Wochen gezielt auf längere Fußmärsche durch unwegsames Gelände vorzubereiten; die eigene körperliche Verfassung wird nämlich meistens überschätzt. Das Gleiche gilt auch für die Schießfertigkeit. Üben, üben, üben ist die Prämisse.

Um sich im Gastland nicht zu blamieren, heißt es aber auch, das dort vorkommende Wild zu kennen, am besten auch allgemeine biologische Grundkenntnisse dazu, und natürlich zu wissen, wie Keiler, Muffel, Auerhahn, Elchwild & Co. bejagt werden.

Die Ausrüstung

Es ist ein Unterschied, ob in Afrika, im Mittel- oder im Hochgebirge gejagt, ob gepirscht oder angesessen wird, auch was die Ausrüstung angeht. Es schadet nicht, sich vorher beim Veranstalter oder Gastgeber zu erkundigen, das ist nämlich gar nicht blamabel, sondern eher vorausschauend. Mit der falschen Kleidung, dem schlecht gewählten Fernglas oder einem zu schwachen Kaliber zur Jagd zu erscheinen, das kann den ganzen Erfolg und die damit verbundene Freude an der Reise zunichte machen. Beginnen wir mit der Kleidung: Loden ist immer schick, aber nicht in Australien, könnte die Kleidungswahl vorsichtig umschrieben werden. Wenn lange Wege in heißer Umgebung zurückgelegt werden, dann bringt der schönste Lodenmantel nichts, genauso wie ein scheuernder Rucksack. Und im Outback sind europäische Jagdtraditionen sowieso ziemlich belanglos, vor allem, wenn es um die Kleidung geht.

Essenziell sind außerdem die Schuhwahl - mit Gummistiefeln lässt es sich nun mal im Hochgebirge schlecht laufen -, das passende Fernglas für die Jagd und das richtige Kaliber.

WICHTIG ZU WISSEN
- Wie ist die Witterung vor Ort?
- Sind lange Fußmärsche geplant?
- Welches Wild wird bejagt, welches Glas und welches Kaliber wird benötigt?
- Pirsch oder Ansitz? Natürlich mit dem richtigen Pirschstock oder dem passenden Ansitzsack.

Schussfertigkeit

Nicht jeder Jäger hat ein eigenes Revier oder wird regelmäßig zu Jagden eingeladen. Eine gewisse Schussfertigkeit ist aber Voraussetzung, um auf die Jagd zu gehen, denn auch das hat etwas mit Weidgerechtigkeit zu tun: Jeder Schuss sollte tödlich sein, Verletzungen mit anschließender Nachsuche müssen unbedingt vermieden werden.

JAGDWISSEN

Manche Jagdreisen werden auch zu Pferd bestritten und müssen gut vorbereitet werden, zumindest was Kleidung und Kondition angeht. Ein paar Reitstunden in anspruchsvollem Gelände sind Bedingung, um im Gastland nicht das »Greenhorn« abgeben zu müssen.

Das gilt selbstverständlich auch für Jagden in fremden Ländern, wo häufig auf größere Distanzen geschossen werden muss. Wer auf einer Jagdreise ist, wird nicht mehrere Wochen ansitzen oder auf Pirsch gehen können, sondern möchte, wenn's drauf ankommt, das Wild zur Strecke bringen. Dazu muss auch getroffen werden. Es wird lediglich der obligatorische Kontrollschuss vor der Jagd abgegeben.

Das sollten Sie wissen

Auf ausländischen Jagden steht dem Jagdgast meist ein Begleiter, ein Jagdführer, zur Seite. Damit die Jagd im Ausland ein Erfolg wird, gilt es, einige Verhaltensregeln zu beachten.

Viele Verhaltensregeln gelten auf der heimischen Jagd ebenso wie auf Jagdreisen. Dazu gehört beispielsweise, dass Ruhe auf dem Ansitz herrscht und natürlich auch schon vorher. Ist man mit dem Auto unterwegs, werden beim Aussteigen die Autotüren leise geschlossen und man bewegt sich möglichst geräuschlos zum Ansitz. Genauso ist die Waffe gesichert und wird mit der Laufmündung nach oben getragen, ob mit oder ohne Führer.

Mit dem Jagdführer unterwegs

Wer denkt, als Gast darf man immer vorneweg gehen, hat sich getäuscht, auch bei Jagdreisen. Eigentlich sollte auch jedem klar sein, warum immer der Jagdführer vorangeht, immerhin kennt der sich am besten aus, hat wochen- oder sogar monatelang das Wild beobachtet und weiß, wo es anzutreffen ist, um dem Jagdgast einen guten Schuss zu ermöglichen. Beim Jagen im Ausland gilt es außerdem als dem Jagdführer gegenüber etwas überheblich, vorangehen zu wollen.

— Der Jagdgast geht am besten hinter dem Führer, nicht zu weit von diesem entfernt, nicht zu nah bei ihm und auch nicht neben ihm, um ein Schwätzchen zu halten. So verdirbt

man sich nämlich ganz schnell selbst die Chance auf einen guten Schuss.

- Auch wenn es auf einen Hochsitz geht, ist der Jagdführer der Erste, der die Leiter erklimmt. Es wird gewartet, bis er oben ist, erst dann folgt der Jagdgast.
- Unbedingt vermieden werden sollten auch Anschlag- und Zielübungen auf Pirsch oder Ansitz. Vor der Reise war genügend Zeit zum Üben, jetzt muss der Schuss sitzen.
- Bevor der Jagdführer das Stück Wild nicht freigegeben hat, bleibt der Finger gerade. Es wird erst geschossen, wenn der Jagdführer es erlaubt.
- Niemand sollte als Jagdgast den Fehler machen und nach dem Schuss sofort zum erlegten Stück gehen, das obliegt nämlich dem Jagdführer, es sei denn, er lässt dem anderen den Vortritt.

Auf das Vokabular kommt es an

Wer als Jagdgast Verbindung zum Gastgeber schaffen will und auch Verständnis beim Gegenüber dafür, dass man »sein« Wild erlegen möchte und darf, der sollte es zumindest so bezeichnen, wie es vor Ort genannt wird. Getreu dem Motto »Was du nicht kennst, das schieß' nicht tot« sollte also zumindest der Name der Wildart, die erlegt werden soll, in der Landessprache bekannt sein, besser zusätzlich noch Grundlagen der Biologie des Wildes. Neben den Wildarten sollte man die den angemessenen Umgangsformen entsprechenden Vokabeln unbedingt kennen, dazu gehören Begrüßung, Verabschiedung, Bitte und Danke und natürlich Prosit.

Wer auf diese Weise Kontakt und Nähe zu dem Gastgeber und dem Jagdführer herstellt, wird schnell merken, dass der

Jagderfolg nicht ausbleibt und vielleicht der eine oder andere Tipp für einen erfolgreichen Jagdtag zumindest per Handzeichen gegeben wird. Andere hingegen könnten leer ausgehen ...

Gastmahl

Sei es aus Tradition oder um den Gast zu testen: Übers Essen und Trinken kommt man zusammen und lernt sich kennen. Wer in Zentralasien Maralhirsch, Agali oder Steinbock jagen möchte, wird nicht umhinkommen, die fermentierte, also vergorene Stutenmilch, Airag oder russisch Kumys, zu probieren und sollte das unbedingt auch tun.

Unsere schwedischen Nachbarn machen sich beim Schüsseltreiben nach der Elchjagd den Spaß und lassen die Gäste den fermentierten Hering, genannt Surströmming, kosten. Der riecht »wie schon mal gegessen«, was er eigentlich auch ist, denn die Zersetzung durch Bakterien ist ja eine Art Verdauung. Der »saure Hering« stellt aber ein uraltes Kulturgut dar, dessen sich der Gast nicht verwehren sollte, wenn er einer von ihnen werden möchte. Die Überwindung des Ekels ist also gleichzeitig der Eintritt in die örtliche Jagdgemeinschaft, die die Reise wegen der freund(schaft)lichen Begegnungen unvergesslich machen wird.

Begriffe aus der Weidmannssprache

Viele Branchen haben ihre ganz besondere Sprache, allen voran Mediziner und Juristen mit ihren fachspezifischen Ausdrücken. Jagende zählen auch dazu: Sie sind ein besonderes Völkchen mit interessanten Begriffen, die man erstmal lernen muss.

Um sich unter seinesgleichen zu verständigen, gibt es die gemeinsame Sprache. Das beginnt schon bei der Begrüßung, wenn der Norddeutsche es bei einem schlichten, aber herzlich gemeinten »Moin« belässt und die Bayerin sich mit einem »Grüß Gott« empfiehlt. Jäger begrüßen sich, ob in Bayern oder an der Küste, traditionsbewusst mit »Weidmannsheil«. Die Schreibweise mit »ei« ergibt sich aus dem Bundesjagdgesetz, wo es in § 1 Abs. 3 heißt, es seien die allgemeinen Grundsätze der deutschen Weidgerechtigkeit zu beachten. In früheren Zeiten verwendete man die Schreibweise mit »ai«, wer diese Zeiten schätzt, tut es mit dieser Schreibweise kund.

Unter »Weidmannsdank« versteht man hingegen keinen Gruß, sondern tatsächlich einen herzlichen Dank. Dank dafür, dass man als Jäger zum Erleger wurde. Und nur in dieser Konstellation wird es benutzt, niemals hingegen als Erwiderung des Grußes, es bleibt daher zur Begrüßung bei der Antwort »Weidmannsheil«!

Die Fachausdrücke zu kennen ist grundlegend in Jägerkreisen, um nicht ins Fettnäpfchen zu treten und sich als Neuling zu outen. Aber das gilt nicht nur für die mittlerweile bekannten Begriffe Weidmannsheil und Weidmannsdank. Wenn eine Jägerin im Bett ein Reh entdeckt, dann liegt es nicht bei ihr zu Hause und kuschelt sich zwischen dem Leinen, sondern liegt auf seinem Ruheplatz, und wenn sie ein verletztes Stück abnickt, dann tötet sie es mit einer blanken Waffe.

Jägersprache erklärt

Die Begriffe der Jägersprache entstammen den genauen Beobachtungen der Natur und des Wildes. Manche Redewendungen sind heute sogar in den allgemeinen Sprachgebrauch übergegangen.

Von Menschen

Mit Anstand sollte man jeder Situation begegnen, wenn *ein Jäger ansteht*, dann wartet er allerdings bei gutem Wind auf das Wild, das er zu erlegen hofft.

Fällt der Begriff *Ansteller*, so ist hiermit ein Gehilfe des Jagdleiters gemeint, der die Schützen auf einer Gesellschaftsjagd an ihren Platz bringt, sie also anstellt, einweist und gegebenenfalls auch wieder abholt.

Wenn Jäger *anstreichen*, dann nicht mit einem *Pinsel*, der das männliche Wild als primäres Geschlechtsmerkmal ziert, sondern mit einer Büchse an einem Baum, um sie nicht »frei Hand« schießen zu müssen. Dazu wird in der Regel mit der linken Hand der Baum umfasst und das Gewehr dann auf diese Hand aufgelegt. In Zeiten von Zielstöcken verschiedenster Ausführung ist der angestrichene Schuss - außer in der Jägerprüfung - fast in Vergessenheit geraten.

»*Horrido*« war nicht nur die gebräuchliche Munition der DDR aus dem volkseigenen Betrieb Sprengstoffwerk

Schönebeck/Elbe, sondern ist auch Gruß und Ruf der Jagd. Dieses Kunstwort ist wohl schon vor Jahrhunderten aus dem Schlachtruf der Hundeführer »Hoch, Rüde, hoch!« über die Verkürzung auf Ho' Rüd' Ho' entstanden. Letztere wird auch von traditionsbewussten Hundeführern verwendet.

Jäger schneiden nicht, sie *schärfen*, zuweilen leider auch mit stumpfen Messern.

Von Tieren

Fährten stammen vom Schalenwild, *Spuren* vom übrigen Haarwild. Um im Revier zu überprüfen, wo die Hirsche (und anderes Wild) *wechseln*, also laufen, *fährten* oder *spüren wir ab.*

Soll der Jagdhund die Fährte an anderer Stelle aufnehmen, wird er *abgetragen*. Muss verletztes Wild erlöst werden, *fangen* wir es mit einer *blanken Waffe*, also einem Messer, Hirsch- oder Saufänger, einem Jagdnicker oder einer Saufeder *ab*. Erledigt dies unser Jagdhund, so nennt man es *Abtun*.

Äsung heißt das Essen beim Schalenwild und wenn das Niederwild Pflanzen aufnimmt. Nicht so jedoch beim Schwarzwild, es *bricht* den Boden (gerne auch Grünland) und nimmt den Fraß auf.

Geäfter hat so ganz und gar nichts mit dem Po-Loch zu tun, denn das nennen die Jäger bekanntlich Weidloch. Aber die Klauen bzw. Schalen, die das Wild nicht zum Auftreten benutzt, die sich aber auf weichem Boden hinter den Schalen als Abdruck bzw. Fährte sehen lassen, nennt man Geäfter, sie liegen halt hinter den Schalen.

Wenn wir an unsere gütigen Mütter denken, dann stehen sie häufig mit einer frisch gestärkten und gebügelten *Schürze* vor uns. Und ebendieser Begriff steht für das primäre Geschlechtsorgan, das das weibliche Stück zur Mutter macht. Die Brust der Mutter, das Gesäuge des Muttertieres, wird beim hirschartigen, geweihtragendem Wild, wie Reh-, Rot-, Dam- und Sikawild, das fachlich als Cerviden bezeichnet wird, *Spinne* genannt, beim Schwarzwild hingegen *Striche*. Dabei trägt sie nicht die Sau, denn Sauen werden alle Stücke des Schwarzwildes als Sammelbegriff genannt. Die weibliche Sau nennen die Jäger *Bache*, die männliche Sau *Keiler*. Beides übrigens unabhängig vom Alter, so können frisch gefrischte *Frischlinge* schon Keiler oder Bachen sein.

Klagen von Jägern sind so häufig, dass sich schon vor Jahrzehnten der Deutsche Jagdrechtstag gegründet hat. Aber auch das Wild *klagt* lautstark, bis ins Mark des Jägers treffend, wenn dieser nicht so getroffen hat, wie er es gewollt hatte.

Die kräftig hervorstehenden Eckzähne im Ober- und Unterkiefer eines Keilers heißen in der Jägersprache *Gewaff*. Man kennt sie außerdem unter der Bezeichnung *Waffen*. Die unteren Eckzähne sind die *Hauer* oder *Wetzer*, die oberen heißen *Haderer*. Aber Vorsicht, denn wenn es ums Gewaff geht, könnten auch die Krallen von Greifvögeln gemeint sein.

Hirsch-Grandeln waren früher hochbegehrt und wurden zu einzigartigen Schmuckstücken verarbeitet. Heute kräht kaum ein Hahn mehr danach, der Begriff beschreibt aber noch immer die rudimentär erhaltenen Eckzähne im Oberkiefer des Rotwildes, und zwar vor allem bei männlichen Stücken. Die Grandeln von Hirschen sind meist besonders schön und groß. Der Grantler hingegen ist ein insbesondere in Bayern bekannter alter Zausel, der viel zu meckern hat. Zuweilen ist er auch bei Jägern zu finden.

Hochwild und *Niederwild* sind Bezeichnungen, die aus der Zeit stammen, als die Jagd dem Adel vorbehalten war. Hochwild, also alle Schalenwildarten außer dem Rehwild, bejagte der Hochadel, Niederwild, das in Haar- und Federwild unterschieden wird, durfte vom niederen Adel geschossen werden. Auch Auerwild, Steinadler und Seeadler zählten früher zum Hochwild.

Jemand macht einen Vorschlag - der Begriff ist eindeutig. In der Jägersprache bezeichnet ein *Vorschlag* allerdings die vordere Körperpartie über und vor den Vorderläufen von Schalenwild, wobei es sich bei den Schalen um die Hufe von Paarhufern handelt.

Im *Kessel* liegen die Sauen, Rehe und Hirsche im *Bett*, Hasen in der *Sasse*. Schafft der Jäger es nicht, das Stück Wild an Ort und Stelle mit einem guten Schuss zu bannen, flüchtet das beschossene Wild und wird vom brauchbaren Jagdhund nach erfolgreicher Nachsuche im Wundbett gestellt.

Wenn es um das Thema »*schlagen*« geht, dann wird es bunt in der Jägersprache wie im richtigen Leben, da kann man auch die Sahne und das Schlagzeug schlagen, die Zeit tot- und den Nagel in die Wand schlagen. Im Jägerjargon wird das Wild aus der Decke oder Schwarte geschlagen, der Hase schlägt Haken und eine Waffe kann ebenfalls schlagen, nämlich wenn sie einen schlechten Rückschlag hat.

Ein *Mönch* ist in der Jägersprache kein Glaubensbruder, sondern ein Hirsch, der kein Geweih schiebt. Man kann auch *Plattkopf* dazu sagen, und das ist wirklich kein Jägerlatein.

Hosen haben nicht nur Menschen an, im Jägerjargon wird auch das Beinkleid von Greifvögeln als Hosen bezeichnet. So

ist beispielsweise ein Steinadler behost. Beim *Hosenflicker* handelt es sich nicht um einen Schneider, sondern um einen zwei- oder dreijährigen Keiler, der dem Jäger oder Treiber gefährlich werden kann.

Von der Jagd

Die Farbe von Jägerinnen, Jägern, Treibern während einer Jagd ist? Orange. Besser gesagt *Blaze orange*, was der Fachausdruck für eine Signaltarnfarbe ist. Da stellt sich doch die Frage, ob das Wild nicht bei so leuchtendem Orange gleich das Weite sucht. Das ist aber nicht der Fall, denn viele Wildarten nehmen rote oder orange Farben als grün oder gelblich wahr und das sind auch die Farben des Waldes. Blaue Kleidung sollte dagegen auf der Jagd unbedingt vermieden werden, Blau ist für Wild eine echte Signalfarbe.

JAGDWISSEN

»Durch die Lappen gehen« ist ein Ausdruck aus der Jägersprache, der heute noch oft im Sprachgebrauch verwendet wird. Wenn das Wild früher durch die Lappen ging, konnte es nicht geschossen werden.

In einem *Hegering* organisieren sich Jägerinnen und Jäger in ihren Orten und Kreisen. Die Mitgliedschaft im örtlichen Hegering ist freiwillig und an die Mitgliedschaft im Landesjagdverband gebunden. Im Gegensatz dazu ist die Hegegemeinschaft eine Organisation der Revierinhaber vor Ort, um Hegemaßnahmen zu koordinieren. *Jagdgenossenschaften* bestehen nicht aus Jägern, sondern aus Grundeigentümern, die gemeinsam ihr Jagdrecht verpachten. Jagdgenossen sind folglich keine Jäger, sondern in der Regel Verpächter.

Lappjagden sind heute nicht mehr erlaubt, in früheren Zeiten wurden sie aber häufiger durchgeführt. Dazu wurden im bejagten Gebiet Lappen oder sogenanntes Blendzeug aufgehängt und dabei nur einzelne Stellen offen gelassen, durch die das Wild dann flüchtete. Wenn es dann durch die Lappen ging, konnte es von den dort postierten Jägern erlegt werden.

Ein Wanderer legt eine Strecke zurück, Jägerinnen und Jäger legen eine *Strecke*. Das passiert nach einer Gesellschaftsjagd und mit den erlegten Stücken, die anschließend traditionell verblasen werden. Mehr Informationen dazu gibt es auf Seite 103 ff.

Mit dem Wind ist das so eine Sache: Da gibt es den *guten Wind* für den Jäger, der seinen Geruch nicht zum Wild weht, und *schlechten Wind*, der seine Duftstoffe in Richtung Wild lenkt und es zur Flucht bewegt. Auch *halber Wind*, der weder gut noch schlecht ist, ist ein Begriff der Jägersprache.

Am Ende der Jagd wird das *Halali* geblasen, ein Hornsignal, das aus der Parforcejagd stammt und dort signalisiert, dass sich das Wild der Meute gestellt hatte.

Register

Nützliche Adressen

Deutscher Jagdverband (DJV)
Chausseestr. 37
D-10115 Berlin
Tel.: 030 209 1394 0
E-Mail: djv@jagdverband.de

Landesjagdverband Bayern e.V.
Hohenlindner Str. 12
D-85622 Feldkirchen
Tel.: 089 990 234 0
E-Mail: info@jagd-bayern.de

Dachverband »Jagd Österreich«
Gumpendorfer Str. 15/1/9
A-1060 Wien
Tel.: +43 (0)1 361 88 98
E-Mail: office@jagd-oesterreich.at

Jagdschweiz
Forstackerstr. 2a
CH-4800 Zofingen
Tel.: +41 62 751 91 45
E-Mail: info@jagdschweiz.ch

Bücher aus dem BLV Verlag

Gert von Harling
Besondere Jagdmomente, 2020

Gert von Harling
Ein Leben für die Jagd, 2021

Herbert Krebs
Vor und nach der Jägerprüfung, 2022

Sophia Lorenzoni
Auf der Pirsch, 2020

Julia Numssen
Handbuch Jägersprache, 2017

Der Autor

Christian Teppe ist nicht nur Rechtsexperte im Bereich Agrarrecht und Jagd, sondern selbst seit über 25 Jahren erfolgreicher Jäger. Er studierte Rechtswissenschaften in Hamburg und führt als einer der ersten in Deutschland den Titel »Fachanwalt für Agrarrecht«. Als solcher ist er Mitglied im Dtsch. Jagdrechtstag, der Dtsch. Gesellschaft für Agrarrecht und dem Hauptverband der Landwirtschaftlichen Buchstellen und Sachverständigen.
Er schreibt Fachbeiträge für Jagdzeitschriften, für den BLV Verlag verantwortet er die Gesamtbearbeitung des Standardwerks »Vor und nach der Jägerprüfung«. Sein Podcast »Teppe und Schwenen op Jagd«, der zu den bekanntesten deutschen Sport-Podcasts gehört, ist auf allen großen Musikplattformen abrufbar, zudem gibt es zahlreiche Folgen auch als Video.

Der Illustrator

Bereits in frühen Lebensjahren hat **Marcus Alexander Inzinger** seine Hingabe zur Illustration und Malerei der alten Meister entdeckt. Seine Leidenschaft machte er mit einer Berufsausbildung und dem Kommunikationsdesign-Studium zum festen beruflichen Standbein. 2014 verband er seine bisherige Tätigkeit mit seiner Passion für die Jagd und arbeitet seither für verschiedene Zeitschriften aus diesem Bereich. Er illustriert sowohl in sachlich-wissenschaftlicher Darstellung als auch in humorvoll leichter Strichführung. Gelegentlich begleitet auch das geschriebene Wort seine Arbeiten.
Weitere Informationen unter:
https://www.instagram.com/m.a.inzinger.

Impressum

BLV ist eine eingetragene Marke der GRÄFE UND UNZER VERLAG GmbH, www.blv.de

ISBN 978-3-96747-072-7

7. Auflage 2025

Projektleitung: Susanne Kronester-Ritter
Lektorat: Christine Weidenweber
Bildredaktion Cover: Natascha Klebl
Korrektorat: Andrea Lazarovici
Umschlaggestaltung: kral & kral design, Dießen a. Ammersee
Herstellung: Gloria Schlayer
Layout: kral & kral design, Dießen a. Ammersee
Satz: Anton Walter, Gundelfingen
Repro: LUDWIG media gmbh, Zell am See
Druck und Bindung: Drukarnia Dimograf sp z o. o., Polen

Bildnachweis

Alle Illustrationen stammen von **Marcus A. Inzinger**, mit Ausnahme von: **Shutterstock:** Titelbild, Umschlagrückseite, Eichel (S. 95), Megaphon (S. 98, 108, 112, 114), Schaf im Wolfspelz (S.113), Vignetten Fasan, Hase, Hirsch, Jagdhund, Wildschwein.

Wichtiger Hinweis

Das vorliegende Buch wurde sorgfältig erarbeitet. Dennoch erfolgen alle Angaben ohne Gewähr. Weder Autor noch Verlag können für eventuelle Nachteile oder Schäden, die aus den im Buch vorgestellten Informationen resultieren, eine Haftung übernehmen.

Liebe Leserin und lieber Leser,
wir freuen uns, dass Sie sich für ein BLV-Buch entschieden haben. Mit Ihrem Kauf setzen Sie auf die Qualität, Kompetenz und Aktualität unserer Bücher. Dafür sagen wir Danke! Ihre Meinung ist uns wichtig, daher senden Sie uns bitte Ihre Anregungen, Kritik oder Lob zu unseren Büchern. Haben Sie Fragen oder benötigen Sie weiteren Rat zum Thema?
Wir freuen uns auf Ihre Nachricht!

GRÄFE UND UNZER Verlag
Grillparzerstraße 8
81675 München
www.gu.de/kontakt | hallo@gu.de

Umwelthinweis:

Nachhaltigkeit ist uns sehr wichtig. Der Rohstoff Papier ist in der Buchproduktion hierfür von entscheidender Bedeutung. Daher ist dieses Buch auf PEFC-zertifiziertem Papier gedruckt. PEFC garantiert, dass ökologische, soziale und ökonomische Aspekte in der Verarbeitungskette unabhängig überwacht werden und lückenlos nachvollziehbar sind.